移动通信
关键技术研究

王洪雁　裴炳南/著

吉林大学出版社

图书在版编目(CIP)数据

移动通信关键技术研究/王洪雁,裴炳南著.--长春:吉林大学出版社,2017.5(2024.8重印)

ISBN 978-7-5677-8927-2

Ⅰ.①移… Ⅱ.①王… ②裴… Ⅲ.①移动通信一通信技术 Ⅳ.①TN929.5

中国版本图书馆 CIP 数据核字(2017)第 110894 号

书　　名　移动通信关键技术研究
YIDONG TONGXIN GUANJIAN JISHU YANJIU

作　　者　王洪雁　裴炳南　著
策划编辑　孟亚黎
责任编辑　孟亚黎
责任校对　樊俊恒
装帧设计　马静静
出版发行　吉林大学出版社
社　　址　长春市朝阳区明德路 501 号
邮政编码　130021
发行电话　0431－89580028/29/21
网　　址　http://www.jlup.com.cn
电子邮箱　jlup@mail.jlu.edu.cn
印　　刷　三河市天润建兴印务有限公司
开　　本　787×1092　1/16
印　　张　19.75
字　　数　256 千字
版　　次　2017 年 11 月　第 1 版
印　　次　2024 年 8 月　第 3 次
书　　号　ISBN 978-7-5677-8927-2
定　　价　69.00 元

前　言

移动通信网络在过去几十年中,取得了飞速的发展,从最初的模拟制式到数字制式,从 2G 的 GSM 网络到 3G 的 WCDMA、CD-MA2000、TD-SCDMA,再到现在的 4G LTE 网络,改变了人们的生活方式,并促进了社会进步。4G 网络的普及应用,进一步刺激了用户对移动数据的消费,同时也刺激了人们对未来数字化生活的渴望与追求。

有人说,4G 是移动通信的终极时代,不会再有新的移动通信系统出现,因为没有新的技术能够支撑新一代移动通信系统的产生。在现实生活中,人们却发现,越来越多的新业务、新应用场景对移动通信网络的能力提出了新的要求。随着消费电子类产品的技术突破,AR 和 VR、更高清的 4K/8K 屏显示、裸眼 3D 等都已真真切切地进入人们的生活,这些都对移动通信系统的速率和容量提出了更高的要求;同时,工业互联网和自动驾驶等也对通信的时延提出了更高的要求。

此外,随着人与人之间通信市场的饱和,移动通信产业开始把注意力转向如何为其他行业提供更加有效的通信工具和能力,开始构想"万物互联"的美好愿景。面向物与物的无线通信,与传统的人与人的通信方式有着较大的区别,在设备成本、体积、功耗、连接数量、覆盖能力上面,都提出了更高的要求,特别是面向远程医疗、工业控制和智能电网等应用,更是对传输的时延和可靠性提出了更苛刻的要求。4G 在全球范围内的大规模部署也给未来网络的发展带来了新的启示,业务需要尽可能地靠近用户、新业务的部署需要实现快速和低成本、针对不同应用场景的网络部署需要灵活和可配等。所有这些，在已有的 4G 及其演进系统上都难以完全满足，新的需求呼唤和驱动着新一代移动通信系统的诞生。

5G 相对于 4G 既是演进的又是革命性的，它是 LTE 持续演进的结果，旨在满足人们对日益增长的信息需求的同时，不断提升通信网络能量效率，减少通信产业的能耗，以降低信息通信产业总体碳排放量。

全书共 8 章，主要内容包括：引言，信源编码与信道编码技术，调制解调技术，多址接入与抗衰落技术，第二代、第三代移动通信技术，第四代移动通信技术，第五代移动通信技术，新一代移动通信的关键技术。

由于时间仓促，作者水平有限，本书难免存在错误、疏漏之处，恳请广大读者批评指正，不吝赐教。

作　者

2017 年 3 月

目　录

第1章　引言 ……………………………………………… 1

　　1.1　移动通信的组成与特点 …………………………… 1

　　1.2　移动通信的工作方式 ……………………………… 4

　　1.3　无线传输的实现方式 ……………………………… 6

　　1.4　移动通信的频率分配 ……………………………… 11

第2章　信源编码与信道编码技术 ……………………… 12

　　2.1　信源编码技术 ……………………………………… 12

　　2.2　信道编码技术 ……………………………………… 31

　　2.3　网络编码 …………………………………………… 41

第3章　调制解调技术 …………………………………… 44

　　3.1　概述 ………………………………………………… 44

　　3.2　最小移频键控 ……………………………………… 57

　　3.3　高斯最小移频键控 ………………………………… 61

　　3.4　QPSK 调制 ………………………………………… 66

　　3.5　高阶调制 …………………………………………… 77

　　3.6　正交频分复用 ……………………………………… 82

　　3.7　网格编码调制 ……………………………………… 84

第4章　多址接入与抗衰落技术 ………………………… 90

　　4.1　多址接入技术 ……………………………………… 90

4.2 分集技术 ·· 98

4.3 均衡技术 ·· 109

4.4 扩频通信 ·· 114

4.5 多天线技术 ·· 118

第 5 章　第二代、第三代移动通信技术 ············ 123

5.1 GSM 系统及关键技术研究 ··················· 123

5.2 WCDMA 系统及关键技术研究 ·············· 128

5.3 CDMA 2000 系统及关键技术研究 ·········· 133

5.4 TD-SCDMA 系统及关键技术研究 ·········· 139

5.5 WiMAX 系统及关键技术研究 ··············· 149

第 6 章　第四代移动通信技术 ······················· 160

6.1 概述 ·· 160

6.2 LTE 系统 ··· 162

6.3 LET 中的关键技术 ······························· 177

6.4 LTE-Advanced 系统 ······························ 193

第 7 章　第五代移动通信技术 ······················· 207

7.1 5G 需求与愿景 ····································· 207

7.2 5G 网络架构 ··· 210

7.3 5G 无线传输技术 ··································· 220

第 8 章　新一代移动通信的关键技术 ·············· 260

8.1 绿色通信技术 ······································· 260

8.2 云计算技术 ··· 269

8.3 大数据技术 ··· 299

参考文献 ·· 306

第 1 章 引 言

移动通信是通过电磁波在自由空间传播以实现信息传输为目的的通信。移动通信的通信双方至少有一方以无线方式进行信息的交换和传输。移动通信可用来传输电报、电话、传真、图像数据和广播电视等通信业务。与有线通信相比,移动通信无须架设传输线路、不受通信距离限制、机动性能好、建立迅速。

移动通信技术已经成为当今社会不可缺少的信息交流技术手段,是当今发展最快的工程技术之一。

1.1 移动通信的组成与特点

1.1.1 移动通信的组成

不同的移动通信系统,虽然它们具体的设备组成和复杂度差异较大,但基本组成都是一样的,图 1-1 给出了移动通信系统的基本组成框图,它包括信源、发送设备、无线信道、噪声与干扰、接收设备、信宿这六大基本组成部分。

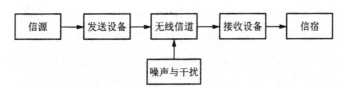

图 1-1 移动通信系统的基本组成

— 1 —

信源是发出信息的基本设备,它的主要作用是将待发送的原始信息变换为电信号,这种电信号也称为基带信号。例如,话筒将声音变为电信号,还有摄像机、电传机和计算机等设备都可以看作信源。

发送设备是将信源产生的电信号转换成适合在无线信道中传输的电磁波信号,并将此电磁波信号送入无线传播信道,从而将信源和无线信道匹配起来。发送设备一般包括两方面的功能,即调制和放大。放大包括电压放大和功率放大,放大的主要目的是提高发送信号的功率。在需要频谱搬移的场合,调制是最常见的变换方式。调制将低频信号加载到高频载波中,从而实现信号的远距离、多路、低损耗的快速传输。调制可以通过使高频载波信号随基带信号的变化而改变载波的幅度、频率或相位来实现。调制方式可分为模拟调制与数字调制两大类,第一代无线通信系统采用模拟调制,目前的无线通信系统都采用数字调制。常用的数字调制方式有 ASK、FSK、PSK、MSK、GMSK、QPSK、8PSK、16QAM、64QAM 等。对数字无线通信系统来说,发送设备还包括信源编码和信道编码。信源编码将来自信源的连续消息变换为数字信号,并对其进行适当的压缩处理以提高传输效率。信道编码使数字信号与无线传输信道相匹配,通过在被传输数据中引入冗余来避免数据在传输过程中出现误码,目的是提高传输的可靠性和有效性。用于检测错误的信道编码称为检错编码,既可检错又可纠错的信道编码称为纠错编码。常见的信道编码方式有分组码、卷积码、Turbo 码、循环码等。

无线信道是电磁波传输的通道,对于无线通信来说,无线信道主要是指自由空间,也包括水等。对于电磁波而言,它在发送端与接收端之间的无线信道中传输时,并没有一个有形的连接,其传播路径也往往不止一条,因此电磁波在传输过程中必然会受到多种干扰的影响而产生各种衰落,从而造成系统通信质量的下降。

噪声与干扰是无线通信系统中各种设备及信道中所固有的,

它不是人为加入的设备,并且是人们所不希望的。对于无线通信,信道中的噪声和干扰对信号传输的影响较大,是不可忽略的,为了分析方便,它被看成是各处噪声的集中表现而抽象加入到无线信道中的一部分。

接收设备的功能与发送设备的功能相反,主要是接收自由空间中传输过来的电磁波,从带有干扰的接收信号中正确还原出相应的原始基带信号。接收设备具体包括解调、译码、解码等功能。此外,在发送设备和接收设备中需要安装天线来完成电磁波的发送和接收。

信宿是信息传输的归宿点,其作用是将还原的原始基带信号转换成相应的原始信息。

1.1.2 移动通信的特点

1. 移动性导致网络管理复杂

移动通信最异于固定通信之处在于用户的移动性,由于用户的移动,网络需要随时知道用户当前位置,以完成呼叫接续等功能,用户的移动性导致网络管理复杂、移动通信位置登记、漫游等管理问题。在蜂窝网中,用户在通话时的移动性,还涉及跨越小区时信道的切换等问题。

2. 无线通信环境相对于有线的通信线路而言比较恶劣

由于用户的移动,用户必须用无线方式接入网络,而无线通信环境相对于有线的通信线路而言比较恶劣,存在阴影效应、多径效应、远近效应、多普勒效应,还存在各种噪声和干扰的影响,而且可供使用的无线频谱资源有限,固定通信几乎可以铺设无限多的线路,而移动通信中适用于某种通信方式的频谱肯定是有限的,但是移动通信业务量却在迅速增长,因此,如何有效利用有限的无线频谱资源,一直是移动通信中研究的重点。

1.2 移动通信的工作方式

1. 单工通信

图 1-2 所示的就是单工通信系统,通信只有从发射器到接收器一个方向,即消息只能单方向传输。传统的广播电视系统与寻呼系统就是典型的单工通信系统,只不过它们的每个发射器可对应多个接收器。

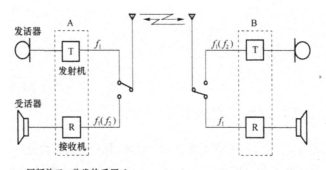

同频单工:收发均采用 f_1。
双频单工:收发分别采用 f_1 和 f_2。

图 1-2 同频(双频)单工方式

2. 全双工通信

通常所说的通信系统多数是双向通信,即消息可以在两个方向上进行传输,称双工通信。双工通信又可分为全双工通信与半双工通信。其中,全双工通信,是指在通信的任意时刻,线路上存在双向的信号传输,即通信的双方可以同时发送和接收数据。

普通的电话就是全双工通信的例子,当两个人通话时,他们可以同时说话和聆听对方说话。图 1-3 所示的是全双工通信系统,在全双工方式下,通信系统的每一端都设置了发送器和接收器,共需要两个发射器、两个接收器以及通常情况下的两个信道。

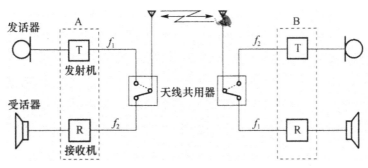

图 1-3　全双工通信系统

3.半双工通信

半双工通信介于单工通信与全双工通信之间,信息可以进行两个方向上的传输,但同一时刻只允许一个方向上的信息传输,因此可以看作是一种可切换方向的单工通信。典型的半双工通信的例子就是通常所用的无线对讲机,对讲机不能同时发射与接收,平时处于接收状态,说话时需要操作员按下按钮,此时电台能发射但不能同时接收,因此说和听无法同时进行。半双工系统由于使用同一信道进行双向通信,因此节省了带宽。半双工系统中一些电路既用于接收也用于发射,因此可以节省设备费用。不过,它牺牲了全双工通信所体现出的一些自然性。图 1-4 所示的就是半双工通信系统。

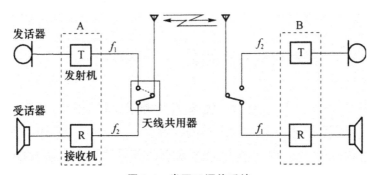

图 1-4　半双工通信系统

4.中继方式

为了增加通信距离,可加设中继站。两个移动台之间直接通信距离只有几千米,经中继站转接后通信距离可加大到几十千米。一般采用一次中继转接,若多次中继转接将使信噪比下降。中继通道又分单工中继和双工中继两种基本方式。单工方式的中继站只需一套收发信机,采用全向天线。双工方式的中继站需两套收发信机,并往往采用两副定向天线,对准中继方向。若有一端是移动台,则用一副定向天线和一副全向天线,如图 1-5 所示。

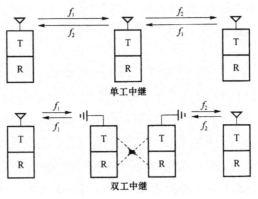

图 1-5　同频(双频)单工方式

1.3　无线传输的实现方式

1.3.1　无线通信网的构成

在过去的十几年中,无线通信从蜂窝语音电话到无线接入 Internet 和无线家庭网络,无线网络给人们的学习、工作和生活带来了深刻的影响。随着通信技术和计算机技术的快速发展,现代无线通信技术已经不再局限于单一的通信模式,其中一个重要的标志就是网络化。无线通信与有线通信的结合构成了直接面向用户的无线通信网,如图 1-6 所示。可见无线通信网分为核心网和接入网两部分。

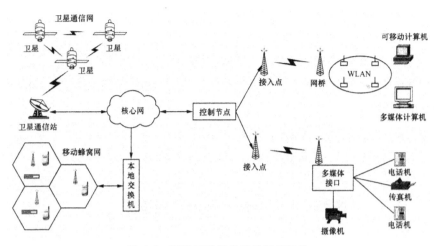

图 1-6 现代无线通信网的组织结构

1.3.2 利用地球轨道卫星的无线接入技术

地球轨道卫星的无线接入系统是指利用人造地球卫星作为中继转发无线电信号,使其能够在两个或多个地球站之间进行通信的系统。这里地球站是指设在地球表面,包括地面、海洋和大气中的通信站。实际上卫星通信最早主要是一种作为到达边远地区的补充通信手段。自从 20 世纪 60 年代早期开展卫星通信的商业运作以来,无论是 Telstar 和 Relay 低轨卫星系统,还是 Syncom 同步卫星系统,都能够提供更经济的长距离电话和电视传输。随着卫星容量的增加,其价格也随之下降,但通信的发展趋势是实现数字通信,因此通过卫星实现包括数字化语音和数字化电视在内的数据传输是其设计目标。这样卫星可基于请求方式实现用户和计算机、计算机与计算机、计算机与用户之间的连接,从而为地面移动通信系统覆盖不到的区域提供通信服务。

与地面无线通信系统相比,卫星通信具有如下优点:

①通信距离远,且建站成本与通信距离无关。

②通信容量大,适于多业务传输,且通信线路稳定可靠。

③覆盖面积大,可实现多址通信。

④可进行自发自收监测。

卫星通信也同样具有某些不足：

①卫星的发射与控制技术比较复杂。

②地球两极地区为通信盲区，而且地球高纬度地区的通信效果也不好。

③存在星蚀和日凌中断现象。

④有较大的信号传输时延和回波干扰。

1.3.3 各种陆地无线接入技术及其特点

1. 宽带无线接入技术及其特点

无线接入技术是指从公共电话网的交换节点到用户终端全部或部分采用无线手段的接入技术，即用无线传输来代替接入网的全部或部分，向用户终端提供电话业务和数据业务；它实际上是核心网络的无线延伸。与传统的有线接入方式相比，宽带无线接入具有如下特点：

①覆盖范围灵活，提供服务快，而且初期投入小。

②工作频带宽，可提供宽带接入。

③频谱利用率高，通信容量大。

④MAC 层提供调度机制。

⑤具有安全性保障措施。

2. 宽带无线接入技术的分类

从覆盖范围进行划分，宽带无线接入技术可分为个域无线网宽带接入、局域网宽带无线接入、城域网宽带无线接入和广域网宽带无线接入技术。

无线广域网是指全国范围或全球范围内所构成的无线网络，其信息速率不高。GSM 系统和卫星通信系统就是两种最典型的无线广域网。

无线城域网（WMAN）是指在地域上覆盖城市及其郊区范围的分布节点之间传输信息的本地分配无线网络，能实现语音、数据、图像、多媒体、IP 等多业务的接入服务。其覆盖范围的典型值为 3～5km，点到点链路的覆盖可以高达几十千米，可以提供支持 QoS 的能力和具有一定范围移动性的共享接入能力。MMDS、LMDS 和 WiMAX 等技术属于城域网范畴。

无线局域网（WLAX）是指在局部区域内以无线形式进行通信的无线网络。所谓局部区域就是距离受限的区域，可在此范围内为用户提供共享的无线接入带宽。覆盖范围从几米到几百米，通常为一座大楼或一个楼群。

无线个域网（WPAN）是指能够在便携式终端和通信设备之间进行短距离连接的无线网络。在网络结构上，它位于整个网络的末端，用于实现同一地点终端与终端之间的双向通信。其覆盖范围可从几厘米到几米。其典型技术有蓝牙技术、UWB（超宽带）技术等。

从是否支持终端的移动性方面，宽带无线接入技术可分为移动宽带无线接入技术和固定宽带无线接入技术。

（1）移动宽带无线接入技术

移动宽带无线接入是指用户终端在较大范围内移动的通信技术。根据 ITU-R 的相关建议，无线接入的移动性可定义为静止、步行、典型车速和高速车速 4 种类型。移动宽带无线接入技术，就是能够为在典型车速和高速车速状态下的终端提供无线宽带接入的系统。与此相反，固定和游牧无线接入要求用户终端在使用时保持相对静止，也称为便携式系统。为了实现高速的、大容量的无线接入，移动宽带接入技术需要从以下几方面提出有效的解决方案。

①高速数据传输方面。主要可以采用多输入多输出天线、分集和波束形成、多用户检测和干扰抵消等技术，以此提高频谱资源利用率，同时满足大容量高速数据传输的要求。

②高频传输可靠性方面。可以采用 Turbo 编码或 LDPC 编

码、自适应编码以及重传机制来保证所发送信息的正确性。

③非对称的多址接入和双工方面。通过对网络中业务流量的分析发现，通常上行的业务流量要低于下行的业务流量，呈现出上下行链路流量不对称的现象，实际中的工作模式可选择频分双工方式，也可以采用时分双工方式。

④业务量和QoS的MAC层设计方面。根据业务QoS要求进行业务量设计。

⑤网络协议方面。需考虑水平/垂直切换和快速IP切换、服务质量和安全性等，以满足用户终端移动性的要求。需要说明的是，由于无线通信环境复杂多变，因此在移动性与带宽、调制方式与多址接入方式、业务量与复杂性、公平性与服务质量等多方面，必须根据网络设计时的工程要求进行折中。

（2）固定宽带无线接入技术

固定宽带无线接入技术是指能把有线方式传来的信息（如语音、数据、图像）用无线方式传送到固定用户终端，或是实现相反传输的一种通信技术。固定无线接入系统的工作频率为3～40GHz，该频段属于视距或准视距传播频段，由于波长短，因此极易受到建筑物、地形地貌、雨、雾、雪等恶劣气候条件的业务影响。目前商用的固定无线接入系统主要有工作在高频段的LMDS（本地多点分配系统、低频段的MMDS多路多点分配业务）系统以及公用频段5.8GHz无线接入系统。尽管不同系统工作于不同的频段，但组网时均采用一种类似蜂窝的服务区结构。这样一个网络可以由若干个服务区构成，每个服务区内设置一个基站，基站（也称为中心站）设备可通过点到多点无线链路与区内的远端站进行通信。

通常中心站由多个扇区组成，可见中心站负责汇集不同扇区设备上的业务与信令数据，实现与核心网络的相连。根据上联的业务需求不同，需配置不同的接口，例如，ATM接口、E1接口、10/100Based-T接口和V5接口等。另外根据基站发射功率的不同，覆盖范围可以从几百米到几千米、十几千米不等。

1.4 移动通信的频率分配

频谱是无线电发展的有力支撑,随着科学技术的迅猛发展和经济全球化的不断深入,频谱资源稀缺已经成为全球关注的焦点。而要确定通信频段,即频谱分配,首先要考虑的因素有电波传播特性、环境噪声及干扰情况、障碍物尺寸、服务区域范围及地形、与已经开发频段的协调和兼容性等。

此外,无线通信设备建立在适当和可用的频段上,使用不同频段,其传播特性是不一样的。同样,新系统在其频段中使用的业务范围(指所处理业务的频率范围)决定了该频段的带宽。数据速率越高,则需要的带宽越大。制造商希望分配到期望的频谱段,并从经济利益上得到相应的投资回报。

我国 IMT 频谱规划与分配现状如图 1-7 所示。

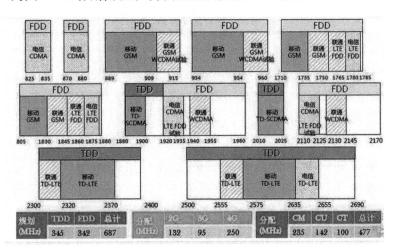

图 1-7 我国 IMT 频谱规划与分配现状

第 2 章　信源编码与信道编码技术

　　信源发出的信息传达到信宿,必须要经过无线信道来传输。为了保证从信源发射出来的信息高质量、高速率、可靠地传送给信宿,就需要解决两个方面的问题:一是在不失真或者有一定失真存在的情况下,如何用尽可能少的信息符号传送较多的信源信息,以便达到高效率的目的;二是在信道有干扰存在的情况下,如何加强所传送信号的抗干扰能力,同时又能使得信息的传输速率最大。而信源编码与信道编码的研究任务正是解决这两个问题。

2.1　信源编码技术

2.1.1　概述

　　信源编码是通过科学合理的手段对信源输出的符号进行一系列变换,以尽量减少输出数据符号中的剩余度,压缩信源冗余度,提高符号的平均信息量。

　　信源编码有两种,分别为无失真信源编码和有损编码。①无失真信源编码即零失真编码,能够毫无损失地恢复出原信源的数据信息;②在可接受范围内,失真较小的信源编码称为有损编码。完全无失真地传输信源信息是不可能存在的,而且实际生活中也不要求毫无失真地恢复信息,允许一定程度上的误差存在,所以实际上大多使用的是有限失真信源编码即有损编码。

　　信源总共有两大类,分别为连续信源和离散信源,如语音、图像等属于连续信源,而经过数字化的文字、电报及各类数据等都属于离散信源。连续信源编码只能做到有限失真编码,无法做到无失真编码,而离散信源编码恰恰弥补了这一缺憾。信源编码的实质就是把信源进行合理的代码分配,把信源的最初符号按照一定的变换法则进行变换。所以信源编码主要的是针对离散信源编码。信源编码的一般模型如图 2-1 所示,如果把信源编码器看作是一个网络,那么它有 2 个输入和 1 个输出,分别是信源符号集合 X、信道符号集 A 和代码集合 Y。信源编码就是将信源符号集中的符号 x_i 用信道的基本符号按照规定的编码方法进行编码并产生与输入队列一一对应的输出序列 y_i,这种输出的符号序列称为码字,其长度 l_i 称为长度或简称码长。

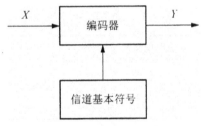

图 2-1　信源编码的一般模型

　　下面是一些码的定义。

　　二元码:如果码符号集为 $X = \{0, 1\}$,所得码字都是二元序列,则称其为二元码。二元码在数字通信和计算机系统中最为常用。

　　变长码:如果一组码由不同长度的码符号组成,则称其为变长码。

　　等长码:一组码中所有码字的码长都相等。

　　非奇异码:如果一组码中的所有码字均不相同则称其为非奇异码。

　　奇异码:对于不同的信源符号,码中有相同的码字,则称其为奇异码。

　　唯一可译码:如果任意一串组成码的有限长码符号序列只能

被译成唯一地对应信源符号序列,则称之为唯一可译码。

2.1.2 等长码与变长码

根据信源编码输出码长的特点,可以将信源编码分为等长编码和变长编码。对于信源输出的不同符号,码字的长度总是相同的编码,即等长编码,而变长编码产生的码长不完全相同。变长编码的基本思想是对于给定的信源,当信源符号不是等概率分布时,为了提高编码效率,给概率大的符号分配较短码字,概率小的符号分配较长码字,从而使得平均码长尽可能短。在序列长度Ⅳ不是很大时,变长编码往往可实现高效的无失真信源编码。如表2-1 所示的"编码 1"为等长码,"编码 2"为变长码。

表 2-1 等长码与变长码

信源符号 x_i	符号出现概率 $p(x_i)$	编码 1	编码 2
x_1	$p(x_1)$	00	0
x_2	$p(x_2)$	01	01
x_3	$p(x_3)$	10	001
x_4	$p(x_4)$	11	101

根据香农理论,信源输出平均信息量定义为信源熵,即

$$H(X) = E\{I[P(x_i)]\} = E[-\log_2 P(x_i)]$$
$$= -\sum_{i=1}^{n} P(x_i)\log_2 P(x_i) \tag{2-1}$$

其中,n 为信源消息的可能种类数;$P(x_i)$ 为各种情况出现的概率。信源熵的含义是消息所含信息量的概率统计平均值。

对于等长编码,其编码效率为

$$\eta = \frac{H(x)}{l} \tag{2-2}$$

对于变长码,以变长码的平均长度的概念作为衡量标准,设信源为

$$\begin{bmatrix} X \\ P(x) \end{bmatrix} = \begin{bmatrix} x_1 & x_2 & \cdots & x_n \\ P(x_1) & P(x_2) & \cdots & P(x_n) \end{bmatrix}$$

变长码编码产生的码字对应的长度分别为 $l_1, l_2, \cdots, l_n$，则编码的平均长度为

$$\overline{L} = \sum_{i=1}^{n} P(x_i) l_i \tag{2-3}$$

变长编码时的编码效率为

$$\eta = \frac{H(x)}{\overline{L}} \tag{2-4}$$

1. 等长码与等长信源编码

一般来讲，如果要实现无失真的编码，则信源符号 $S_i(i=1, 2, \cdots, q)$ 与码字 $W_i(i=1,2,\cdots,q)$ 必须是一一对应的，而且码符号序列的反变换也必须是唯一的。换句话说，也就是所编的码必须是唯一可译码。如果没有达到以上要求，那么必定会引起译码的失真和错误。

就等长码而言，如果等长码是非奇异码，则它的任意有限长 N 次扩展码也必定是非奇异码。在表 2-2 中，码 2 很明显不是唯一可译码。因为信源符号 s_2 和 s_4 都对应于同一码字 11，当接收到码符号 11 后，既可以译成 s_2，也可以译成 s_4，所以不能唯一地译码。因此等长非奇异码一定是唯一可译码。而码 1 是等长非奇异码，因此，它是一个唯一可译码。

表 2-2　二元编码

信源符号	码 1	码 2
s_1	00	00
s_2	01	11
s_3	10	10
s_4	11	11

如果对信源 S 进行等长编码，则必须满足

$$q \leqslant r^l \tag{2-5}$$

其中,l是等长码的码长;r是码符号集中的码元数。

例如,表2-2中信源S共有$q=4$个信源符号,现在进行二元等长编码,其中码符号个数为$r=2$。根据式(2-5)可知,信源S存在唯一可译等长码的条件是码长l必须不小于2。

如果对信源S的N次扩展信源进行等长编码,设信源$S=\{s_0,s_1,\cdots,s_q\}$,有q个符号,则它的N次扩展信源$S^N=(a_1,a_2,\cdots,a_q^r)$的符号总数为$q^N$,其中$a_i=(s_{i_1},s_{i_2},\cdots,s_{i_N})$($s_{i_k}\in S,k=1,\cdots,N$)就是长度为$N$的信源符号序列。又设码符号集为$X=\{x_0,x_1,\cdots,x_r\}$。现在把这些长为$N$的信源符号序列$a_i(i=1,2,\cdots,q^N)$变换成长度为$l$的码符号序列$W_i=(x_{i_1},x_{i_2},\cdots,x_{i_l})$,$x_{i_k}\in X,k=1,\cdots,l$。

根据前面的分析,如果要求编得的等长码是唯一可译码必须满足

$$q^N \leqslant r^l \tag{2-6}$$

式(2-6)表明,只有当l长的码符号序列数(r^l)大于或等于N次扩展信源的符号数(q^N)时,才可能存在等长非奇异码。

对式(2-6)取对数得

$$N\log_2 q \leqslant l\log_2 r$$

或

$$\frac{l}{N} \geqslant \frac{\log_2 q}{\log_2 r} \tag{2-7}$$

如果$N=1$,则有

$$l \geqslant \frac{\log_2 q}{\log_2 r} \tag{2-8}$$

式(2-7)中,$\frac{l}{N}$是平均每个信源符号所需要的码符号的个数。式(2-8)表明:对于任意等长唯一可译码而言,每个信源符号都至少需要用$\frac{\log_2 q}{\log_2 r}$个码符号来进行变换,也就是说,每个信源符号所需要的最短码长为$\frac{\log_2 q}{\log_2 r}$个。

当 $r=2$（二元码）时，$\log_2 r=1$，则式(2-7)成为

$$\frac{l}{N}=\log_2 q \qquad (2-9)$$

这结果表明：对于二元等长唯一可译码，每个信源符号至少需要用 $\log_2 q$ 个二元符号来变换。这也表明，对信源进行二元等长不失真编码时，每个信源符号所需码长的极限值为 $\log_2 q$ 个。

例如，英文电报有 32 个符号（26 个英文字母加上 6 个字符），即 $q=32$。若 $r=2$，$N=1$（即对信源 S 的逐个符号进行二元编码），由式(2-8)得

$$l \geqslant \frac{\log_2 q}{\log_2 r}=\log_2 32=5 \qquad (2-10)$$

这就是说，每个英文电报符号至少要用 5 位二元符号编码。在前面的讨论中没有考虑符号出现的概率，以及符号之间的依赖关系。当考虑了信源符号的概率关系后，在等长编码中每个信源符号平均所需的码长就可以减少。

下面举一个例子来阐明为什么每个信源符号平均所需的码符号个数可以减少。

设信源 S

$$\begin{bmatrix} S \\ P(S) \end{bmatrix}=\begin{bmatrix} s_1, & s_2, & s_3, & s_4 \\ P(s_1), & P(s_2), & P(s_3), & P(s_4) \end{bmatrix}, \sum_{i=1}^{4} P(s_i)=1$$

而其依赖关系为 $P(s_2|s_1)=P(s_1|s_2)=P(s_4|s_3)=P(s_3|s_4)=1$
其余 $P(s_j|s_i)=0$。

若不考虑符号之间的依赖关系，此信源 $q=4$，那么，进行等长二元编码，由式(2-9)可知 $l=2$。若考虑符号之间的依赖关系，此特殊信源的二次扩展信源为

$$\begin{bmatrix} S^2 \\ P(S_i S_j) \end{bmatrix}=\begin{bmatrix} s_1 s_2, & s_2 s_1, & s_3 s_4, & s_4 s_3 \\ P(s_1 s_2), & P(s_2 s_1), & P(s_3 s_4), & P(s_4 s_3) \end{bmatrix},$$

$$\sum_{ij} P(s_i s_j)=1$$

又 $P(s_i s_j)=P(s_i) \cdot P(s_j|s_i)(i,j=1,2,3,4)$

由上述依赖关系可知，除 $P(s_1 s_2)$、$P(s_2 s_1)$、$P(s_3 s_4)$ 和 $P(s_4 s_3)$

不等于零外,其余 $s_i s_j$ 出现的概率皆为零。因此,二次扩展信源 S_2 由 16 个符号缩减到只有 4 个符号。此时,对二次扩展信源 S_2 进行等长编码,所需码长仍然是 $l'=2$。但是平均每个信源符号所需要的码符号为 $\dfrac{l'}{N}=1<l$。

由此可见,如果考虑符号之间的依赖关系,那么就会有些信源符号序列不会出现,这样产生的结果就是,信源符号序列的个数减少,此时再进行编码,所需要平均编码就会有所缩短。

由等长编码定理可以清楚地知道信源进行等长编码时所需码长的理论极限值。

定理 2.1 对于熵为 $H(S)$ 的离散无记忆信源,使其对信源长为 N 的符号序列进行等长编码,在 r 个字母的码符号集中,选取 l 个码元组成码字。那么对于任意 $\varepsilon>0$,只要满足

$$\frac{l}{N}\geqslant\frac{H(S)+\varepsilon}{\log_2 r} \tag{2-11}$$

则当 N 足够大时,译码的错误率能无限小,几乎可以实现无失真编码。反之,若

$$\frac{l}{N}\leqslant\frac{H(S)-2\varepsilon}{\log_2 r} \tag{2-12}$$

当 N 足大时,则译码的错误率接近于 1,很难实现无失真编码。实际上,想要让等长信源编码实现无失真编码几乎是不可能的,在实际中通常难以实现。因此,当 N 有限时,失真和错误对于高传输效率的等长码来说是难以避免的,它不能像变长码那样,可以轻易地实现无失真编码。

2. 变长码与变长信源编码

变长码编出效率高且无失真的码不需要 N 很大即可实现。变长码要想实现无失真编码,其必须是唯一可译码。而变长码满足唯一可译性需要做到两点:一是其码本身是奇异的;二是要满足其任意有限长 N 次扩展码必须是非奇异的。对于变长码,其衡量标准可以引入码的平均长度的概念。

设信源为

$$\begin{bmatrix} S \\ P(S) \end{bmatrix} = \begin{bmatrix} s_1, & s_2, & \cdots, & s_q \\ P(s_1), & P(s_2), & \cdots, & P(s_q) \end{bmatrix}$$

编码后的码字为

$$W_1, W_2, \cdots, W_q$$

其码长分别为

$$l_1, l_2, \cdots, l_q$$

对唯一可译码来说，信源符号与码字之间是一一对应的，所以有

$$P(W_i) = P(s_i) \ (i = 1, 2, \cdots, q)$$

则这个码的平均长度为

$$\overline{L} = \sum_{i=1}^{q} P(s_i) l_i$$

$\overline{L}$ 的单位是"码符号/信源符号"。$\overline{L}$ 即是每个信源符号平均所需要用的码元数。从工程方面来看，其单位时间内传输的信息量越大，而且通信设备越简单、越经济越好。当信源一经给出，那么其熵就确定了，其熵 $H(S)$ 为比特每信源符号，而编码后每个信源符号平均用 $\overline{L}$ 个码元来变换。编码后信道的信息传输率（平均每个码元携带的信息量）为

$$\eta = \frac{H(S)}{L} (比特/码符号) \tag{2-13}$$

如果平均每传输一个码符号需要 ts，那么编码后信道每秒钟传输的信息量为

$$\eta_t = \frac{H(S)}{t\overline{L}} (比特/秒) \tag{2-14}$$

由此可见，要使信息传输率变高，即 η_t 越大，就得使 $\overline{L}$ 变短。因此，平均码长 $\overline{L}$ 越短，人们对其越发有兴趣。对于最小的码 $\overline{L}$，我们称之为紧致码（只有一个唯一可译码）。而无失真编码解决的问题就是找到紧致码。

假设给出平均码长 $\overline{L}$ 有可能达到的理论极限。

定理 2.2　如果一个离散无记忆信源的熵为 $H(S)$，它的 r 个

码元的码符号集为

$$X = \{x_1, x_2, \cdots, x_r\}$$

则一定能找到一种构成唯一可译码的无失真编码方法，使它的平均码长满足

$$\frac{H(S)}{\log_2 r} \leqslant \overline{L} \leqslant 1 + \frac{H(S)}{\log_2 r} \qquad (2\text{-}15)$$

由定理 2.2 可知，要使得唯一可译码存在，则码字的平均长度$\overline{L}$不能小于极限值$\frac{H(S)}{\log_2 r}$。

由定理 2.2 我们还获知了平均码长的上界。但并不是说要构成唯一可译码就一定要小于这个上界，只是我们希望$\overline{L}$尽可能短。

定理 2.3［无失真变长信源编码定理(香农第一定理)］ 离散无记忆信源 S 的 N 次扩展信源 $S^N = (a_1, a_2, \cdots, a_q^r)$，其熵为 $H(S^N)$，并有码符号集 $X = \{x_1, \cdots, x_r\}$。对信源 S^N 进行编码，总可以找到一种编码方法，构成唯一可译码，使信源 S 中每个信源符号所需的平均码长满足

$$\frac{H(S)}{\log_2 r} + \frac{1}{N} > \frac{\overline{L}_N}{N} \geqslant \frac{H(S)}{\log_2 r} \qquad (2\text{-}16)$$

或者

$$H_r(S) + \frac{1}{N} > \frac{\overline{L}_N}{N} \geqslant H_r(S)$$

当 $N \to \infty$时，则得

$$\lim_{N \to \infty} \frac{\overline{L}_N}{N} = H_r(S) \qquad (2\text{-}17)$$

式中，

$$\overline{L}_N = \sum_{i=1}^{q^N} P(a_i)\lambda_i \qquad (2\text{-}18)$$

其中，a_i 所对应的码字长度为λ_i。因此，无记忆扩展信源 S^N 中每个符号 a_i 的平均码长为$\overline{L}_N$，可见，信源 S 中每一单个信源符号所需的平均码长仍为$\frac{\overline{L}_N}{N}$。

无失真变长信源编码定理也称香农第一定理,它说明确实存在一种有效的编码方式,可以编码离散无记忆、无噪声平稳信源,为了不引起失真且提高传输效率,人们可以通过这种编码来实现。

2.1.3　语音编码

语音信号是移动通信中最多的信号,因此在数字移动通信中,语音编码技术显得尤为重要。语音编码的根本任务是在一定的通信延时下,保持一定的算法复杂程度,使用尽可能少的信道容量来传送尽可能高质量的语音。

移动通信对语音编码的要求主要有以下几个方面。

①编码速率较低。

②编码时延小,要控制在 65ms 之内。

③编码算法要有良好的抗误码性和抗噪声干扰能力。

④编码器要尽量简单,便于大规模集成。

⑤功耗尽量小。

根据语音信号的不同特征,语音编码大致可分为波形编码、参量编码和混合编码三类。

1. 波形编码

波形编码是以保真度为度量标准,将时域模拟信号进行取样量化并编码成数字语音信号的编码方式。典型的波形编码技术包括增量调制(ΔM)、脉冲编码调制(Plus Code Modulation,PCM)以及它们的各种改进型,比如差分脉冲调制(Differential PCM,DPCM)、自适应差分脉码调制(Adaptive DPCM,AD-PCM)、连续可变斜率增量调制(Continuous Variable Slope Delta Modulation,CVSDM)、自适应变换编码(Adaptive Transform Coding,ATC)、子带编码(Sub-Band Coding,SBC)和自适应预测编码(Adaptive Predictive Coding,APC)等。

语音波形的一些特性对设计编码非常有用,最常用的包括连续语音抽样信号之间的非零自相关性、语音幅度的非均匀概率分布、语音中的清音和浊音成分的存在、语音信号的类周期性及语音频谱的非平坦特性等。

2. 参量编码

参量编码又称声源编码,它的设计原理非常巧妙,它的构建模型是通过模仿人类发声机制的数字声码器来实现的,从而实现语音信号的转变。滤波器是构成声码器的主体,这个滤波器的作用类似于人类的各个发声器官——喉、舌、嘴的组合,如图 2-2 所示。人类发声系统的模型如图 2-3 所示。声码器在发信端分析器首先对发语

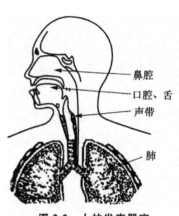

图 2-2　人的发声器官

音信号进行分析,提取主要语音的有以下三个参数。

①声道传输声源信号的特性。

②声带振动是基本频率。

③声源的特性,清音和浊音。

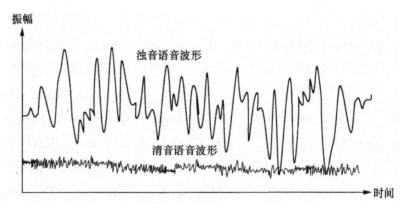

图 2-3　清音和浊音波形

参量编码中,采用不同的参量取值,就产生不同的声码器,要

获得相应数字信号,就必须得到相应的激励脉冲序列,要得到这些序列的输出,就需要声码器不断提取人类语音信号中的各个特征参量进行量化编码,从而实现相应需求。

3. 混合编码

混合编码就是将波形编码和参量编码进行有机结合,利用波形编码和参量编码的优点,以保证低速率、高质量的目的。在大多数情况下,为了能达到比较好的编码效果,一般都采用混合编码技术。

典型的混合编码技术包括规则脉冲激励长期预测(Regular Pulse Excitation-Long Term Prediction,RPE-LTP)编码、矢量和激励线性预测(Vector Sum Excited Linear Prediction,VSELP)编码、码本激励线性预测(Code Excited Linear Prediction,CELP)编码、残余激励线性预测(Residual Excited Linear Prediction,RELP)编码、自适应比特分配的子带编码(Sub Band Coding-Adaptive Bit,SBC-AB)、多脉冲激励线性预测编码(Multi Pulse excited-Linear Prediction Coding,MP-LPC)、自适应多速率宽带(Adaptive Multi Rate-Wide Band,AMR-WB)语音编码和新型可变速率多模式宽带(Variable Rate Multi mode-Wide Band,VMR-WB)语音编码等。

经过多年的发展,语音编码技术已经趋于成熟。在各种不同的通信网中,语音编码技术已经得到了广泛的应用。表 2-3 列出了常用数字移动通信系统中的一些语音编码类型。

表 2-3　常用数字移动通信系统的语音编码类型

阶段	标准	服务类型	语音编码技术	编码速率/(kb/s)
2G	GSM	数字蜂窝网	RPE-IJP	1 3
	DAMPS(IS-54、IS-136)	数字蜂窝网	VSELP	1 6
	IS-95(CDMA)	数字蜂窝网	QCELP	8、4、2、0.8
	CT2、DECT、PHS	数字无绳电话	ADPCM	32
	DCS-1800	个人通信系统	RPL-IJP	13
	PACS	个人通信系统	ADPCM	32
3G	WCDMA/TD-SCDMA	数字蜂窝网	AMR-WB	23.85-6.6
	CDMA2000	数字蜂窝网	VMR-WB	13.3、6.2、2.7、1.0

2.1.4 霍夫曼编码

霍夫曼编码是一种效率比较高的变长、无失真的信源编码。二进制霍夫曼编码步骤如下：

①把信源符号的概率从大到小依次排列。

②把概率最小的两个信源符号合并成一个新符号（分别分配一个码位"0"和"1"），并用这两个最小的概率之和作为新符号的概率，结果得到一个只包含$(n-1)$个信源符号的新信源，这称为信源的第一次缩减信源，用S_1表示。

③依旧将缩减信源S_1符号的概率，按从大到小的顺序依次排列，重复步骤②，得到只含$(n-2)$个符号的缩减信源S_2。

④重复上述步骤，直至缩减信源只剩两个符号为止，此时所剩两个符号的概率之和必为1。然后从最后一级缩减信源开始，依编码路径逆向返回，就得到各信源符号所对应的码字。

［例 2.1］ 设有离散信源，按照概率大小排列后的概率分布如下，对这一信源进行霍夫曼编码，并计算平均码长及编码效率。

$$\begin{bmatrix} X \\ P(X) \end{bmatrix} = \begin{bmatrix} x_1 & x_2 & x_3 & x_4 & x_5 & x_6 & x_7 \\ 0.2 & 0.19 & 0.18 & 0.17 & 0.15 & 0.10 & 0.01 \end{bmatrix}$$

解：霍夫曼编码过程见图 2-4。

信源符号 x_i	概率 $P(x_i)$	编码过程(缩减信源)						码字	码长
		S_1	S_2	S_3	S_4	S_5	S_6		
x_1	0.20	0.20	0.26	0.35	0.39	0.61	0 ↗1.0	10	2
x_2	0.19	0.19	0.20	0.26	0.35	0 0.39	1	11	2
x_3	0.18	0.18	0.19	0.20	0 0.26	1		000	3
x_4	0.17	0.17	0.18	0 0.19	1			001	3
x_5	0.15	0.15	0 0.17	1				010	3
x_6	0.10	0 ↗0.11	1					0110	4
x_7	0.01	1						0111	4

图 2-4　霍夫曼编码过程

通过计算可得此信源的熵

$$H(X) = -\sum_{i=1}^{7} P(x_i)\log_2 P(x_i) = 2.16(\text{bit}/\ \text{符号})$$

— 24 —

码的平均长度

$$\overline{L} = \sum_{i=1}^{7} p(x_i) l_i = 2.72$$

编码效率

$$\eta = \frac{H(X)}{\overline{L}} = \frac{2.61}{2.72} = 96.3\%$$

根据二进制霍夫曼编码可以推进到 m 进制霍夫曼编码,所不同的是每次把 m 个概率最小的符号分别用 $0,1,2,3,\cdots,m-1$ 等码元来表示,然后再将它们缩减为一个新的信源符号,其余步骤与二进制霍夫曼编码相同。

霍夫曼码的编法并不止一种。首先,由于每次对信源缩减时,赋予最小概率的信源符号"0"和"1"码元是任意给出的,所以完全可以得到不同的码字。为了能够得到分离码字,只需要在各次的信源缩减中保持码元分配的一致性即可。不同码元的分配,得到的具体码字也是不同的,而由于所有码长 l_i 不变,所以平均码长 $\overline{L}$ 也是不变的,所以在本质上是没有区别的。其次,缩减信源时,如果得到合并后新符号的概率与其他符号的概率相同,那么从编码方法上来看,这几个符号的顺序是可以任意排列的,编出的码都是正确的,但得到的码字不尽相同。

[例 2.2] 对单符号离散无记忆信源

$$\begin{bmatrix} X \\ P(X) \end{bmatrix} = \begin{Bmatrix} x_1 & x_2 & x_3 & x_4 & x_5 \\ 0.4 & 0.2 & 0.2 & 0.1 & 0.1 \end{Bmatrix}$$

编二进制霍夫曼码。

解:此题有两种解法。

方法一:把合并后得到的新符号排在其他相同概率符号的后面,编码过程如图 2-5 所示。相应的码树如图 2-6 所示。

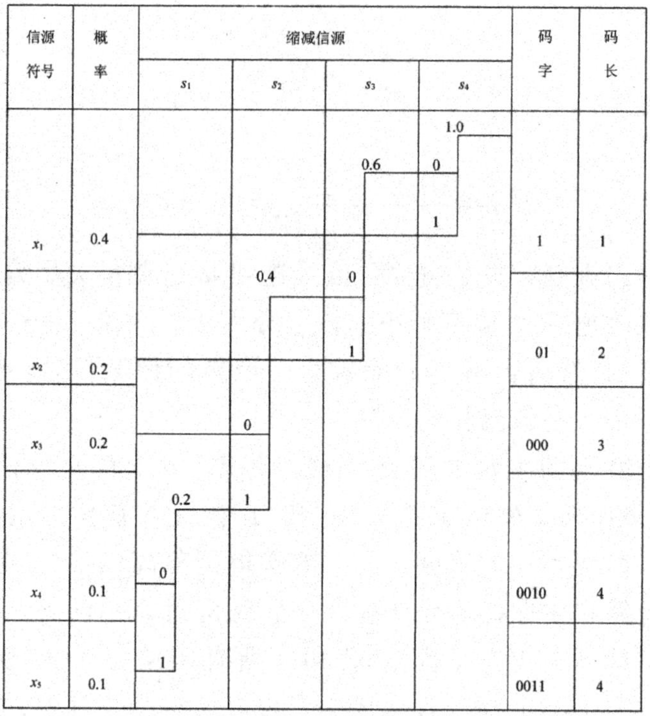

信源 符号	概 率	缩减信源				码 字	码 长
		s_1	s_2	s_3	s_4		
					1.0		
				0.6 0			
				1			
x_1	0.4					1	1
			0.4 0				
			1				
x_2	0.2					01	2
x_3	0.2	0				000	3
		0.2 1					
x_4	0.1	0				0010	4
x_5	0.1	1				0011	4

图 2-5　霍夫曼码的编法一

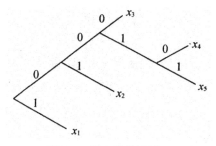

图 2-6　霍夫曼编码树一

采用不同的编法,得到的平均码长不尽相同。单符号信源编二进制霍夫曼码的编码效率,主要取决于信源熵与平均码之比。可见,在熵一样的情况下,平均码长越短,编码效率就越高。而对于相同的信源编码,其熵都是一样的。

编法一的平均码长是

$$\overline{L_1}=0.4\times1+0.2\times2+0.2\times3+(0.1+0.1)\times4=2.2\ 比特/符号$$

方法二:把合并后得到的新符号排在其他相同概率符号的前

面,编码过程如图 2-7 所示。相应的码树如图 2-8 所示。

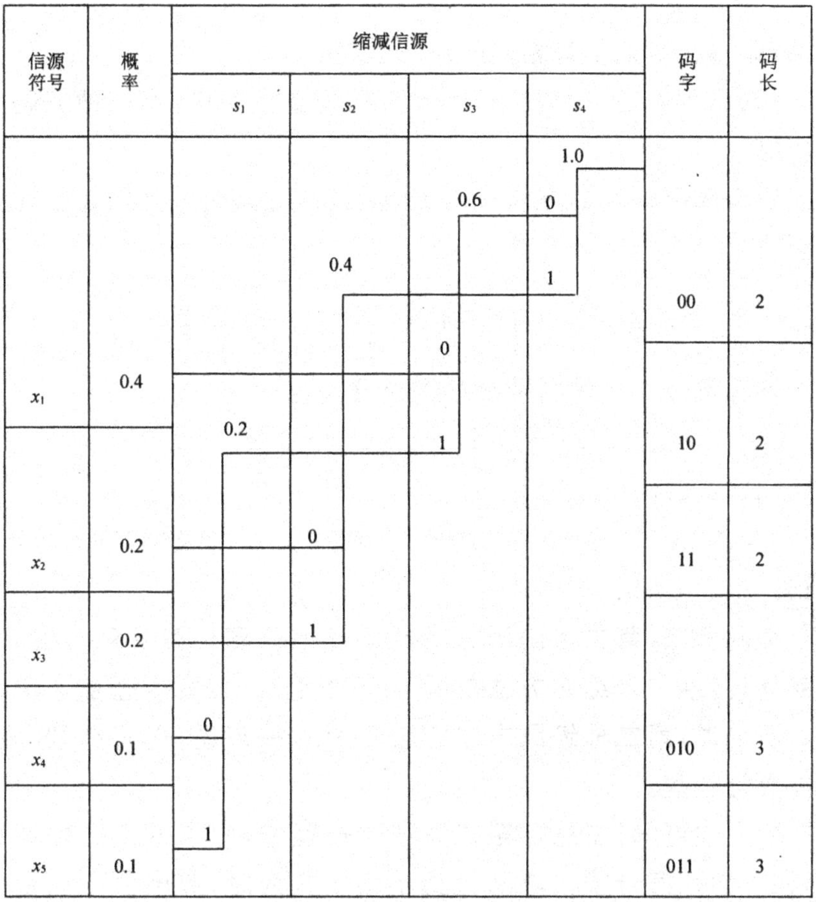

信源符号	概率	缩减信源				码字	码长
		s_1	s_2	s_3	s_4		
					1.0		
				0.6	0		
			0.4		1	00	2
				0			
x_1	0.4	0.2		1		10	2
x_2	0.2		0			11	2
x_3	0.2		1				
x_4	0.1	0				010	3
x_5	0.1	1				011	3

图 2-7　霍夫曼码的编法二

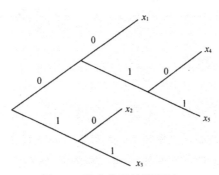

图 2-8　霍夫曼码的编码树二

编法二的平均码长是

$$\overline{L_2}=(0.4+0.2+0.2)\times2+(0.1+0.1)\times3=2.2\ 比特/符号$$

由此可见，本例中不论哪种编法，其平均码长都是相同的，由于熵都一样，所以都有相同的编码效率。

那么，我们现在分析一下，看看在现实应用中，哪一种编码方式更好。

定义码字长度的方差 l_i 与平均码长 $\overline{L}$ 之差的平方的数学期望为 σ^2，即

$$\sigma^2=E[(l_i-\overline{L})^2]=\sum_{i=1}^{n}p(x_i)(l_i-\overline{L})^2$$

计算例 2.2 中的两种码的方差分别得

$\sigma_1^2=0.4(1-2.2)^2+0.2(2-2.2)^2+0.2(3-2.2)^2+(0.1+0.1)(4-2.2)^2=1.36$

$\sigma_2^2=(0.4+0.2+0.2)(2-2.2)^2+(0.1+0.1)(3-2.2)^2=0.16$

由此可知，第二种编码方式的码长方差要比第一种小很多。也就是说，第二种编码方法的码长变化比较小，更接近于平均码长。所以说，第二种编码方法相较于第一种来说，更简单、容易，所以更好一些。

由上述可知，在进行霍夫曼编码过程中，为了得到更好的效果，在对缩减信号按概率从大到小依次排列时，应该尽可能使得合并后得到的新符号排在前面的位置，这样一来，可使合并后得到的新符号重复编码的次数减少，从而使得短码得到充分利用。

2.1.5　香农编码

由香农第一定理我们知道，可以通过编码使平均码长达到极限值，同时也可以获知信源与平均码长之间的关系，即 $-\log_2 P(x_i)\leqslant l_i<-\log_2 P(x_i)+1$。按照不等式 $-\log_2 P(x_i)\leqslant l_i<-\log_2 P(x_i)+1$ 选择的码长所构成的码称为香农编码，香农编码是采用信源符号的累积概率分布函数来分配码字的。

设某离散信源为

$$\begin{bmatrix} X \\ P(X) \end{bmatrix} = \begin{bmatrix} x_1 & x_2 & \cdots & x_n \\ P(x_1) & P(x_2) & \cdots & P(x_n) \end{bmatrix}$$

香农编码的步骤如下。

① 将各信源符号的概率从大到小依次排列：$P(x_1) \geqslant P(x_2)$ $\geqslant \cdots \geqslant P(x_n)$。

② 根据香农不等式，计算出每个信源符号的码长：$-\log_2 P(x_i)$ $\leqslant l_i < -\log_2 P(x_i) + 1$。

③ 计算信源第 i 个符号的累加概率，以编成唯一可译码 $P_i = \sum_{k=1}^{i-1} P(x_k)$，$i = 2, 3, \cdots, n$，$P_1 = 0$。

④ 将累加概率 P_i 用二进制数表示。

⑤ 取 P_i 对应二进制数的小数点后 l_i 位作为信源第 i 个符号的二进制码字。

［例 2.3］　对例 2.1 的信源进行香农编码，并计算平均码长及编码效率。

解：香农编码的计算过程见表 2-4。

表 2-4　香农编码过程

信源符号 x_i	概率 $P(X_i)$	累加概率 $P_i = \sum_{k=1}^{i-1} P(X_k)$	$-\log_2 P(X_i)$	码长	P_i 对应的二进制数	码字
x_1	0.20	0	2.34	3	0	000
x_2	0.19	0.20	2.41	3	0.0011001	001
x_3	0.18	0.39	2.48	3	0.0110001	011
x_4	0.17	0.57	2.56	3	0.1001000	100
x_5	0.15	0.74	2.74	3	0.1011110	101
x_6	0.10	0.89	3.34	4	0.1110001	1110
x_7	0.01	0.99	6.66	7	0.1111110	1111110

此信源的熵为

$$H(X) = -\sum_{i=1}^{7} P(x_i)\log_2 P(x_i) = 2.16(\text{bit}/\text{符号})$$

码的平均长度

$$\overline{L} = \sum_{i=1}^{7} P(x_i)l_i = 3.14$$

编码效率

$$\eta = \frac{H(X)}{\overline{L}} = \frac{2.16}{3.14} = 83.1\%$$

由此可以看出,香农编码所得的码字没有完全相同的,所以香农编码是非奇异码。但是,由于香农编码的编码效率不高,而且冗余度比较大,所以它不是最佳码,实用性也受到较大限制。

2.1.6 其他编码

香农编码与霍夫曼编码主要针对无记忆信源进行编码,当信源有记忆时,上述编码的效率就不够理想,这时就应该考虑到游程编码。游程编码是霍夫曼编码的改进和应用,它是利用先后符号之间的关联性进行编码,编码效率比较高,主要用于只有黑、白二值灰度的文件传真。符号序列中各个符号连续重复出现而形成符号串的长度就叫游程,又称游程长度或游长。设二元独立序列中符号 0 和 1 出现的概率分别为 p_0 和 p_1,则"0"游程长度 $L(0)$ 的概率为

$$p[L(0)] = p_0^{L(0)-1} p_1, L(0) = 1,2,3,\cdots$$

同理可得"1"游程长度 $L(1)$ 的概率为

$$p[L(1)] = p_0 p_1^{L(1)-1}, L(1) = 1,2,3,\cdots$$

且有 $\sum_{L(0)=1}^{\infty} p[L(0)] = 1$,$\sum_{L(1)=1}^{\infty} p[L(1)] = 1$。

"0"游程长度序列的熵为

$$H[L(0)] = \frac{H(p_0)}{p_1}$$

"1"游程长度序列的熵为

$$H[L(1)]=\frac{H(p_1)}{p_0}$$

"0"游程的平均长度$\overline{l_0}=\frac{1}{p_1}$，"1"游程的平均长度$\overline{l_1}=\frac{1}{p_0}$，假设"0"游程长度和"1"游程长度的霍夫曼编码效率分别为η_0、η_1，则二元序列的游程编码效率为

$$\eta=\frac{H[L(0)]+H[L(1)]}{\underbrace{\dfrac{H[L(0)]}{\eta_0}+\dfrac{H[L(1)]}{\eta_1}}}$$

香农编码和霍夫曼编码等编码方法都是建立在信源符号与码字一一对应的基础上的，这种编码方法通常称为块码或分组码。算术编码不在分组编码的范畴，它是一种非分组码的编码方式，它是一种从整个符号序列出发，采用递推形式进行编码的方法，信源信号和码字间不再是一一对应的关系。除此之外，还要预测编码、变换编码等。

2.2　信道编码技术

2.2.1　概述

信源传出来的信息，就好似要运送出去的货物一样，在路途中随时可能碰到各种各样意想不到的状况，我们想要把货物安全送达，就需要把运送的货物进行巧妙的伪装，以防丢失，那么为了实现信息的可靠传输，同样采取类似的手段，信道编码就是提高信息传输可靠性的有效手段。

广义的信道编码是为了特定信道传输而采取的传输信号的设计与实现的科学手段，包括以下几种。

①描述编码：用于对特定信号进行描述，如不归零（Not Return Zero，NRZ）码、美国信息交换标准码（America Standard Code for Information Interchange，ASCII）等，各种数字基带信号的变换码型也属于这种编码。

②约束编码：用于对特定信号的特性进行约束，如用于同步检测的巴克(Barker)码。

③纠错编码：用于检查与纠正信号传输过程中因某些噪声干扰而导致的差错，也称差错控制编码。

④扩频编码：用于扩展信号频谱为近似白噪声谱并满足某些相关特性，如 m 序列等。

2.2.2　线性分组码

线性分组码主要有以下性质。

①任意两个准用码之和仍为一个准用码，具有封闭性。

②码组间的最小距离等于非零码的最小汉明重量。

③全零码必然属于线性分组码。

用(7,3)码线性分组码为例说明。这种信息码元的编码方式是以每 3 位一组进行编码，即输入编码器的信息位长度 $k=3$，完成编码后输出编码器的码组长度为 $n=7$，显然监督位长度 $n-k=7-3=4$ 位，编码效率 $\eta=k/n=3/7$。(7,3)线性分组码的编码方程输入信息码组为

$$U=(U_0,U_1,U_2) \tag{2-19}$$

输出的码组为

$$C=(C_0,C_1,C_2,C_3,C_4,C_5,C_6) \tag{2-20}$$

编码的线性方程组为

$$
\begin{cases}
\text{信息位}
\begin{cases}
C_0=U_0 \\
C_1=U_1 \\
C_2=U_2
\end{cases} \\
\text{监督位}
\begin{cases}
C_3=U_0 \oplus U_2 \\
C_4=U_0 \oplus U_1 \oplus U_2 \\
C_5=U_0 \oplus U_1 \\
C_6=U_1 \oplus U_2
\end{cases}
\end{cases}
\tag{2-21}
$$

由此可见，输出的码组中，前 3 位为信息位，而后 4 位为前 3

个信息位的线性组合,即监督位。将式(2-20)写成相应的矩阵形式为

$$C=(C_0,C_1,C_2,C_3,C_4,C_5,C_6)$$

$$=(U_0,U_1,U_2)\begin{bmatrix} 1 & 0 & 0 & 1 & 1 & 1 & 0 \\ 0 & 1 & 0 & 0 & 1 & 1 & 1 \\ 0 & 0 & 1 & 1 & 1 & 0 & 1 \end{bmatrix} \quad (2\text{-}22)$$

$$=U \cdot G$$

若 $G=(I \vdots Q)$,其中 I 为单位矩阵,G 为生成矩阵,称 C 为系统(组织)代码。生成矩阵主要用于编码器产生码组(字)。可见,已知信息码组 U 与生成矩阵 G,即可生成码组(字)。

2.2.3　循环码

循环码是一种特殊的线性分组码,具有循环推移不变性。若循环码 $C=(C_0,C_1,\cdots,C_{n-1})$,如果将循环码 C 左移或者右移若干位后其性质不变,并且具有循环周期 n。那么对任意一个周期为 n 的循环码(即 n 维循环码)必定可以找到一个可以表示其关系的唯一 n 次码多项式,即二者之间一定可以建立下列一一对应的关系,见表 2-5。

表 2-5　n 元码组与 n 阶码多项式对应的关系

n 元码组		n 阶码多项式
$C=(C_0,C_1,\cdots,C_{n-1})$	$\leftrightarrow$	$C(X)=C_0+C_1X+\cdots+C_{n-1}X^{n-1}$
码组之间的模 2 运算	$\leftrightarrow$	码多项式之间的乘积运算
有限域 $GF(2^k)$	$\leftrightarrow$	码多项式域 $F_2(x)$,$\mathrm{mod}\,f(x)$

上述对应关系可以应用下面的例子说明(表 2-6)。

表2-6 *n* 元码组与 *n* 阶码多项式对应的关系举例

$C=(11010)$	↔	$C(x)=1+x+x^3$
右移一位为 01101	↔	$xC(x)=x+x^2+x^4$
两者模 2 加 $\quad$ 11010 $\oplus\quad$ 01101 $\overline{\qquad 10111}$	↔	两码多项式相乘 $1+x+x^3$ $\underline{\times\qquad 1+x}$ $1+x+x^3$ $\underline{\quad x+x^2+x^4\quad}$ $1+x^2+x^3+x^4$

  由上述两者之间的对应关系可知,可以把有限域 $GF(2^k)$ 中的"同余"运算进一步推广至多项式域,并进行多项式域中的"同余"。运算如下

$$\frac{C(x)}{p(x)}=Q(x)+\frac{r(x)}{p(x)} \tag{2-23}$$

或写成

$$C(x)=r(x),\bmod p(x) \tag{2-24}$$

其中,$C(x)$ 为码多项式;$p(x)$ 为素(不可约)多项式;$Q(x)$ 为熵;$r(x)$ 为余项多项式。

2.2.4 恒比码

  恒比码也称等重码,恒比码的每个码组中"1"的个数与"0"的个数恒定,判断是否产生误码的方法,就是在接收端查看接收码元的"0"和"1"的数目比值是否发生变化即可。恒比码的检错能力较强,除"1"和"0"成对的产生错误不能发现以外,其他各种错误都能发现。用来传送 10 个阿拉伯数字的恒比码许用码字个数为 $C_n^w=10$ 个,其中码重为 w,码长为 n。见表 2-7。传输汉字码时,每个汉字用 4 个阿拉伯数字表示,而每个阿拉伯数字又用 5 位二进制符号构成的码组表示,每个码组的长度为 5,其中恒有 3 个"1",因此,这种码又称 5 中取 3 恒比码。

表 2-7　我国电传采用的 5 中取 3 恒比码

阿拉伯数字	编码	阿拉伯数字	编码
0	01101	5	00111
1	01011	6	10101
2	11001	7	11100
3	10110	8	01110
4	11010	9	10011

国际无线电报通信系统中,采用 3∶4 码,码组中规定总是有 3 个"1",即 7 中取 3 码,因此,这种码共有 $C_7^3 = 35$ 个许用码字,分别表示 26 个英文字母及其他符号,见表 2-8。大量事实证明,采用这种码的国际电报通信的误码率保持在 10^{-6} 以下。恒比码的主要优点是简单,而且适用于来传输电传机或其他键盘设备产生的字母和符号。

表 2-8　国际通用的 7 中取 3 恒比码

字符		码	字符		码
A	—	0011010	S	`	0101010
B	?	0011001	T	5	1000101
C	:	1001100	U	7	0110010
D	+	0011100	V	=	1001001
E	3	0111000	W	2	0100101
F	%	0010011	X	/	0010110
G		1100001	Y	6	0010101
H		1010010	Z	+	0110001
I	8	111000	回行		1000011
G		0100011	换行		1011000
K	(	0001011	字母键		0100110
L	)	1100010	数字键		0001110
M	.	101001	间隔		1101000

续表

字符		码	字符	码
N	，	1010100	（不用）	0000111
O	9	1000110	RQ	0110100
P	0	1001010	α	0101001
Q	1	0001101	β	0101100
R	4	1100100		

2.2.5 差错控制码

差错控制码能够检查到接收信息流中的差错，甚至在一定情况下可以纠正差错，以保证通信中的可靠性。无线通信差错控制编码结构框图如图 2-9 所示。

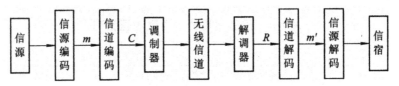

图 2-9 无线通信差错控制编码结构框图

显然，差错控制编码属于冗余编码，而且冗余度与误码率存在一定的反比关系，即冗余度越高，误码率就越小，系统的可靠性就越高。但是冗余度越高，也就意味着编码位数越多，占用的信道带宽就越宽。为了保证系统的可靠性，必须研究一种差错控制编码技术尽量避免这些问题。表 2-9 是我国移动通信系统中采用的差错控制编码。

表 2-9 我国移动通信系统中的差错控制编码

阶段	标准	差错控制编码
2G	GSM	分组码、奇偶检验码、卷积码
	IS-95（CDMA）	CRC 校验、卷积码
3G	WCDMA/TD-SCDMA/CDMA2000	Turbo 码、卷积码

2.2.6　卷积码

卷积码既能纠正随机差错也具有一定纠正突发差错的能力。这种码的纠错能力很强,根据需要,有不同的结构及相应的纠错能力。图 2-10 是由 3 个位移寄存器和两个模 2 加法器组成的 (3,1)卷积编码器。

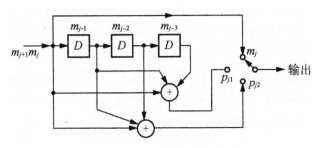

图 2-10　(3,1)卷积码编码器

由图 2-10 可知,监督元 p_{j1}、p_{j2} 与本组和前几组输入的信息元都有关。由图 2-10 可知,其关系式为

$$p_{j1} = m_j \oplus m_{j-1} \oplus m_{j-3}$$

$$p_{j2} = m_j \oplus m_{j-1} \oplus m_{j-2}$$

称为该卷积码的监督方程。

图 2-11 所示为(2,1)卷积码、约束长度 $k=2$ 的编码器和解码器,它可以在 4 比特范围内纠正一个差错。图 2-11(a)为编码器。译码过程参见图 2-11(b)所示的译码器电路,由图可列出下列关系式

$$s_j = p_j \oplus p'_j$$

$$s_o = s_j \oplus s_{j-1}$$

$$m_j = m_j \oplus s_o \tag{2-25}$$

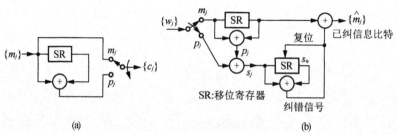

图 2-11 (2,1)卷积码(k＝2)

(a)编码器;(b)译码器

卷积码的译码方法有两类,分别为概率译码和代数译码。概率译码比较常用的有两种,一种叫维特比译码法,另一种叫序列译码。代数译码是利用生成和监督矩阵来译码的,完全基于它的代数结构,其译码性能相较于概率译码差之甚远。因此,较之代数译码,概率译码的使用更加广泛。

2.2.7 Turbo 码

Turbo 码又称并行级联卷积码(PCCC),是法国人 C. Berrou 和 A. Glavieux 于 1993 年的国际会议(ICC)上首次提出的一种信道纠错编码方案。Turbo 码能够产生很长的码字并提供更好的传输性能,达到接近随机编码的目的,其原理是把卷积码和随机交织器结合在了一起。Turbo 码一经提出,就以其优异的性能和相对简单可行的编译码算法吸引了众多研究者的目光。

一般 Turbo 码编码器的结构原理框图如图 2-12 所示。

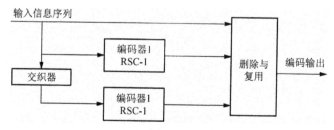

图 2-12 Turbo 码编码器结构原理框图

Turbo 码编码器是通过交织器把两个或两个以上的简单分

量编码器并行级联在一起构成的。交织器由一定数量的存储单元构成，是一个单输入单输出设备，$M \times N$ 存储单元构成存储矩阵，其中 M 为存储矩阵的行数，N 为存储矩阵的列数，各个存储单元可用它在矩阵中所处的行数和列数来表示。

交织器的功能可以改善码距分布。交织器能够用两个简单的码构成一个好码。如果在低信噪比时仍能取得较低的误码率，那么好的编码器应该具有良好的尾部码距分布。然而，交织类型的复杂度将直接影响到 Turbo 码设计的复杂度，交织器采用的交织方案一般有分组交织、随机交织等。在移动通信中考虑到传输速率的要求，一般不采用随机交织器，而采用交织模式固定的分组交织器。

Turbo 码的一大特色就是交织器的引入，交织器的交织方法就是一种决定读出顺序的方法，信息比特流顺序流入交织器，以某种方式乱序读出，或者以乱序的形式读入，再以顺序的形式读出。交织器的作用一般是对抗突发错误，但更重要的是它可以改变码的重量分布，降低相邻反馈信号的相关性，以更好地实现迭代译码。

Turbo 码的译码器的基本结构原理框图如图 2-13 所示。

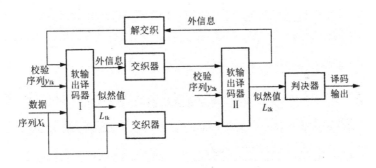

图 2-13　Turbo 码译码器原理框图

两个 SISO 译码器之间是依靠反馈附加的外信息建立相互联系的。Turbo 码译码器中的交织器与 Turbo 码编码器中的交织器的交织序列是一致的：在编码端，交织器的作用是使两个 RSC 编码器趋于相对独立；而在译码端，交织器和相应的解交织器则是连接两个 SISO 译码器的桥梁。

2.2.8 级联码

可将编码、信道、译码整体看成一个广义的信道,这个信道也存在错误,因此对它还可作进一步的纠错编译码。级联码就是把这样有多次编码的系统,看成是一个整体编码。级联码的最初想法是为了进一步降低残余误码率(改善渐近性能),但事实上它同样可以提高较低信噪比下的性能。当把两个短码串联起来构成一个级联码时,广义信道上的编码称为内码,而以广义信道为信道的信道编码称为外码。其结构为:$(n,k)=[n_1 \times n_2, k_1 \times k_2]=[(n_1,k_1),(n_2,k_2)]$,它是由两个短码$(n_1,k_1)$、$(n_2,k_2)$串接构成一个长码$(n,k)$,称$(n_1,k_1)$为内码,$(n_2,k_2)$为外码。

下面就是最典型两级串接的级联码的例子,典型结构如图 2-14 所示。

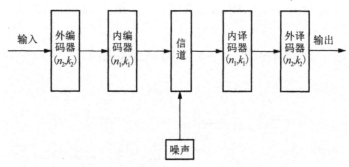

图 2-14　典型两级联码组成结构

如果内编器的最小距离为 d_1,外编器的最小距离为 d_2,则级联码的最小距离为 $d=d_1 \times d_2$。

早在 20 世纪 80 年代,美国国家宇航局(NASA)采用$(2,1,7)$卷积码作为内码,$(255,223)$RS 码作为外码构成级联,用于深空遥测数据的纠错。后来 NASA 以该码为参数标准于 1987 年制定了 CCSDS 遥测系列编码标准。由$(2,1,7)$卷积码与$(255,223)$RS 码构成的典型级联码组成框图如图 2-15 所示。

下面给出一些典型级联的性能曲线,如图 2-16 所示。

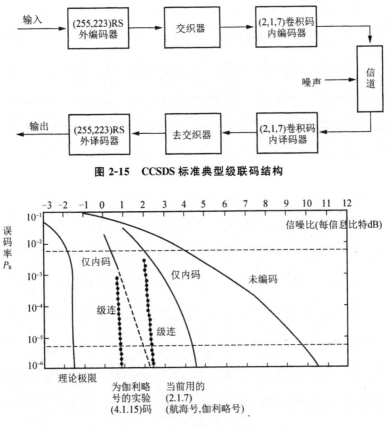

图 2-15 CCSDS 标准典型级联码结构

图 2-16 典型级联码的性能曲线

需要指出的是,级联虽然很大地提高了纠错能力,但它是伴随着编码效率降低而达到较高的纠错能力的。如果从 $\frac{E_b}{N_0}$ 的角度看,级联的好处并不太大,但有一个好处是显然的,即在信道质量稍好时(信噪比较大时),误码可以做到非常低,即渐近性能很好。

2.3 网络编码

网络编码是通信网络中信息处理和传输理论研究上的重大突破,其核心思想是允许网络节点对传输信息进行编码处理。网络编码有多种分类标准。如果网络节点对传输的信息进行线性操作,则称为线性网络编码(Linear Network Coding);否则称为非线性网络编码。另外,还有随机网络编码与确定性网络编码之分。

　　李硕彦教授等以著名的"蝴蝶网络"(Butterfly Network)模型为例,阐述了网络编码的基本原理。图 2-17 展示的是"单信源二信宿"蝴蝶网络,其中图 2-17(a)和(b)分别表示的是传统路由传输方式和网络编码方式。

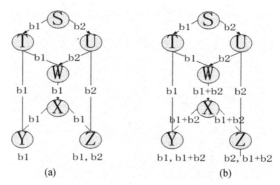

图 2-17 "单信源二信宿"蝴蝶网络

　　图 2-17(a)中信宿 Y 和 Z 无法同时收到 b1 和 b2,该多播不能实现最大传输容量。而图 2-17(b)中信宿 Y 和信宿 Z 可以同时收到 b1 和 b2,基于网络编码的多播实现了理论上的最大传输容量。而且网络编码多播可有效利用除多播树路径外其他的网络链路,可将网络流量分布于更广泛的网络上,从而均衡网络负载。图 2-18(a)所示的通信网络,其各链路容量为 2。图 2-18(b)表示的是基于多播树的路由多播,为使各个信宿节点达到最大传输容量,该多播共使用 SU、UX、UY、SW 和 WZ 共 5 条链路,且每条链路上传输的可行流为 2;图 2-18(c)表示的是基于网络编码的多播,假定信源节点 S 对发送至链路 SV 的信息进行模二加操作,则链路 SV、VX 和 VZ 上传输的信息均为 b1 ⊕ b2,最终信宿 X、Y 和 Z 均能同时收到 a 和 b。

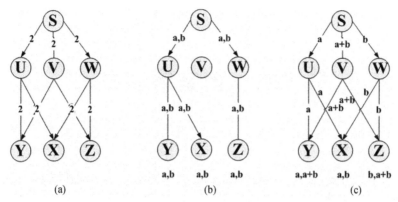

图 2-18　单源三接收网络

　　网络编码不仅能够减小网络管理的开销,提高网络带宽利用率,还能节省传输能耗,增加传输的安全性。但是运用网络编码增加了计算的复杂性,而且网路节点需要缓存足够的输入信息,因此网络编码操作增加了传输时延,另外,应用网络编码存在的同步问题,给在实时系统中应用网络编码带来了很大挑战。

第3章 调制解调技术

现代无线和移动通信系统大多采用了数字调制技术。和模拟调制相比,数字调制拥有诸多的优点,主要包括更好的抗噪声性能,更强的抗信道损耗能力,更容易复用各种形式的信息(如声音、数据、图像和视频等),更好的安全性和易于集成微型化,等等。除此之外,采用数字调制解调的数字传输系统可采用信源编码、信道编码、加密和均衡等数字信号处理技术,以改善通信链路质量,提高系统性能。

3.1 概述

随着超大规模集成电路、数字信号处理技术和软件无线电技术的发展,出现了新的多用途可编程信号处理器,使得数字调制解调器完全用软件来实现,可以在不替换硬件的情况下,重新设计或选择调制方式,改变和提高调制解调的性能。

3.1.1 调制技术的基本概念

调制就是将基带信号加载到高频载波上的过程,其目的是将需要传输的模拟信号或数字信号变换成适合于信道传输的频带信号,以满足无线通信对信息传输的基本要求。如在生活中,我们要将一件货物运到几千千米外的地方,光靠人力本身显然是不现实的,必须借助运载工具来完成,如汽车、火车、飞机。如果将运载的货物换成是需要传输的信息,就是通信中的调制了。在这里,货物就相当于调制信号,运载工具相当于载波,将货物装到运载工具上就相当于调制过程,从运载工具上卸下货物就是解调。

调制器的模型如图 3-1 所示,它可以看作一个非线性网络,其中 $m(t)$ 为基带信号,$c(t)$ 为载波,$s_m(t)$ 为已调信号。基带信号是需传送的原始信息的电信号,它属于低频范围。基带信号直接发送存在两个缺点:很难实现多路远距离通信;要求有很长的天线,在工艺及使用上都是很困难的。载波信号是频率较高的高频、超高频甚至微波,若采用无线电发射,天线尺寸可以很小,并且对于不同的电台,可以采用不同的载波频率,这样接收时就很容易区分,就能实现多路互不干扰的传输。

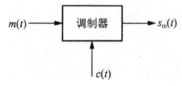

图 3-1　调制器的模型

调制的实质是频谱搬移,即将携带信息的基带信号的频谱搬移到较高的频率范围,基带信号也称调制信号,经过调制后的信号称为频带信号或已调信号。已调信号具有 3 个基本特征:一是携带原始信息;二是适合于信道传输;三是信号的频谱具有带通形式,且中心频率远离零频。

3.1.2　数字调制技术的分类

图 3-2 所示为数字调制技术的分类。

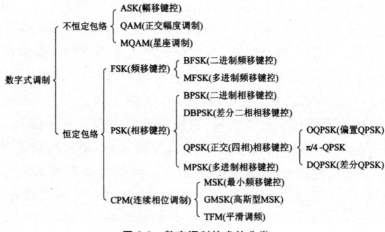

图 3-2　数字调制技术的分类

3.1.3　基本数字调制技术

1. 数字基带信号

如果数字基带信号各码元波形相同而取值不同,则数字基带信号可表示为

$$s(t) = \sum_{n=-\infty}^{\infty} a_n g(t - nT_s)$$

其中,a_n 是第 n 个码元所对应的电平值,它可以取 0、1 或 −1、1 等;T_s 为码元间隔;$g(t)$ 为某种标准脉冲波形,通常为矩形脉冲。

常用的数字基带信号波形主要有单极性不归零波形、单极性归零波形、双极性不归零波形、双极性归零波形、差分波形和多电平波形等,如图 3-3 所示。

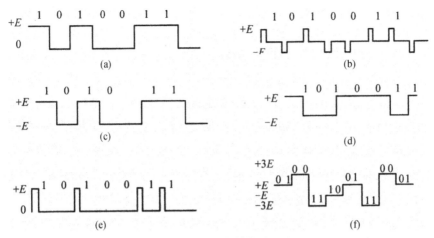

图 3-3　常见的数字基带信号波形

(a)单极性不归零波形；(b)双极性不归零波形；(c)单极性归零波形；

(d)双极性归零波形；(e)差分波形；(f)多电平波形

2. 二进制振幅键控

正弦载波的幅度随数字基带信号的变化而变化的数字调制方式称为振幅键控。当载波的振幅随二进制数字基带信号 1 和 0 在两个状态之间变化，而其频率和相位保持不变时，则为二进制振幅键控（2ASK）。设发送的二进制数字基带信号由码元 0 和 1 组成，其中发送 0 码的概率为 P，发送 1 码的概率为 $1-P$，且两者相互独立，则该二进制数字基带信号可表示为

$$s(t) = \sum_{n=-\infty}^{\infty} a_n g(t-nT_s)$$

式中，a_n 为符合下列关系的二进制序列的第 n 个码元

$$a_n = \begin{cases} 0, \text{发送概率为 } P \\ 1, \text{发送概率为 } 1-P \end{cases}$$

$g(t)$ 是持续时间为正的归一化矩形脉冲

$$g(t) = \begin{cases} 1, 0 \leqslant t \leqslant T_s \\ 0, \text{其他} \end{cases}$$

则 2ASK 信号的一般时域表达式为

$$s_{2ASK}(t) = \sum_n a_n g(t-nT_s)\cos\omega_c t \qquad (3\text{-}1)$$

其中，ω_c 为载波角频率，为了简化，这里假设载波的振幅为 1。由式(3-1)可见，二进制振幅键控(2ASK)信号可以看成是一个单极性矩形脉冲序列与一个正弦型载波相乘。

2ASK 信号的时域波形举例如图 3-4 所示。由图可见，2ASK 信号的波形随二进制基带信号 $s(t)$ 通断变化，因而又被称为通断键控信号(OOK)。2ASK 信号的产生方法有两种：一种是模拟调制法，即按照模拟调制原理来实现数字调制，只需将调制信号由模拟信号改成数字基带信号；另一种是键控调制法，即根据数字基带信号的不同来控制载波信号的"有"和"无"来实现。如当二进制数字基带信号为 1 时，对应有载波输出，当二进制数字基带信号为 0 时，则无载波输出，即载波在数字基带信号 1 或 0 的控制下实现通或断。二进制振幅键控信号的两种产生方法分别如图 3-5 和图 3-6 所示。

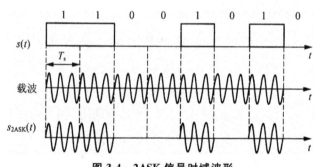

图 3-4　2ASK 信号时域波形

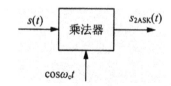

图 3-5　模拟相乘法产生 2ASK 信号

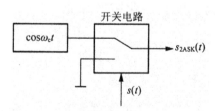

图 3-6　0 数字键控法产生 2ASK 信号

2ASK 信号的解调可采用非相干解调（包络检波法）和相干解调（同步检测法）方法，两种解调方法的原理框图分别如图 3-7 和图 3-8 所示。2ASK 信号非相干解调过程的时间波形如图 3-9 所示。相干解调需要在接收端接入同频同相的载波，所以又称同步检测。在非相干解调中，全波整流器和低通滤波器构成了包络检波器。

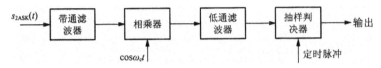

图 3-7　2ASK 信号相干解调原理框图

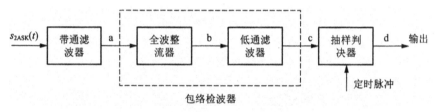

图 3-8　2ASK 信号非相干解调原理框图

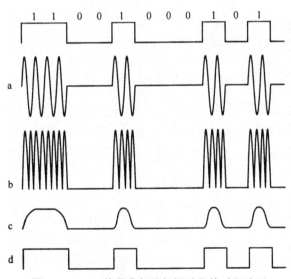

图 3-9　2ASK 信号非相干解调过程的时间波形

2ASK 信号的功率谱密度为数字基带信号功率谱密度的线性搬移，数字基带信号的功率谱密度为 $P_s(f)$，则 2ASK 信号功率谱密度为

$$P_{2\text{ASK}}(f) = \frac{1}{4}[P_s(f+f_c) + P_s(f-f_c)]$$

2ASK 信号的功率谱密度如图 3-11 所示,图 3-10 是数字基带信号的功率谱密度。

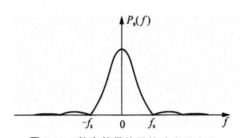

图 3-10 数字基带信号的功率谱密度

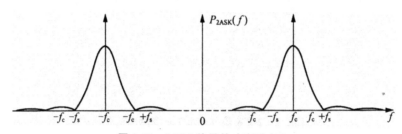

图 3-11 2ASK 信号的功率谱密度

3. 二进制移频键控

移频键控是利用正弦载波的频率变化来表示数字信息,而载波的幅度和初始相位保持不变,如果正弦载波的频率随二进制基带信号 1 和 0 在 f_1 和 f_2 两个频率点间变化,则为二进制移频键控(2FSK)。设发送 1 码时,载波频率为 f_1,发送 0 码时,载波频率为 f_2,则 2FSK 信号的时域表达式为

$$s_{2\text{FSK}}(t) = \left[\sum_n a_n g(t-nT_s)\right]\cos\omega_1 t + \left[\sum_n \bar{a}_n g(t-nT_s)\right]\cos\omega_2 t$$

$$(3\text{-}2)$$

其中,$\omega_1 = 2\pi f_1$;$\omega_2 = 2\pi f_2$;$\bar{a}_n$ 是 a_n 的取反,即

$$a_n = \begin{cases} 0,\text{概率为 } P \\ 1,\text{概率为 } 1-P \end{cases} \qquad \bar{a}_n = \begin{cases} 1,\text{概率为 } P \\ 0,\text{概率为 } 1-P \end{cases}$$

从式(3-2)可以看出,2FSK 信号可以看成是两个不同载频交

替发送的 2ASK 信号的叠加。2FSK 信号时域波形如图 3-12所示。

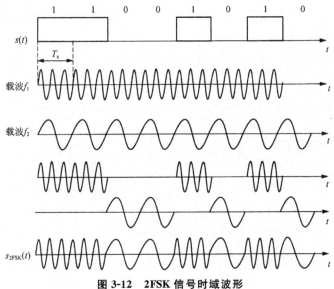

图 3-12　2FSK 信号时域波形

　　2FSK 信号的产生可以采用模拟调频电路和数字键控两种方法实现。图 3-13 是用数字键控的方法产生二进制移频键控信号的原理图。

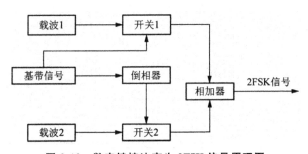

图 3-13　数字键控法产生 2FSK 信号原理图

　　2FSK 信号非相干解调和相干解调两种方法的原理图分别如图 3-14 和图 3-15 所示。2FSK 信号非相干解调过程的时间波形如图 3-16 所示。

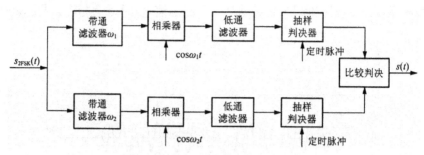

图 3-14　2FSK 信号相干解调原理图

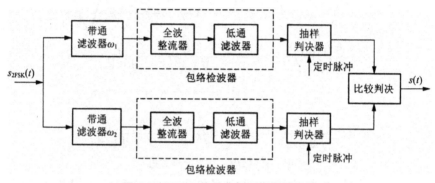

图 3-15　2FSK 信号非相干解调原理图

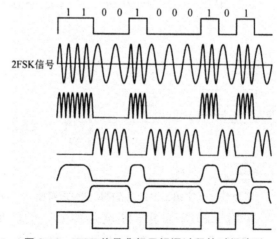

图 3-16　2FSK 信号非相干解调过程的时间波形

2FSK 信号的功率谱密度

$$P_{2FSK}(f)=\frac{1}{4}\left[P_s(f-f_1)+P_s(f+f_1)+P_s(f-f_2)+P_s(f+f_2)\right]$$

图 3-17 所示为 2FSK 信号的功率谱。对于 2FSK 信号，通常

可定义其移频键控指数

$$h = |f_1 - f_2| f_s$$

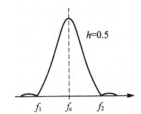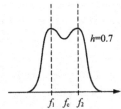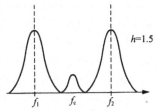

图 3-17　2FSK 信号的功率谱(两个频率差对功率谱的影响)

若以 2FSK 信号功率谱第一个零点之间的频率间隔定义为二进制移频键控信号的带宽,则该二进制移频键控信号的带宽 B_{2FSK} 为

$$B_{2FSK} = |f_1 - f_2| + 2f_s$$

4. 二进制移相键控

(1)2PSK 调制

移相键控是指正弦载波的相位随数字基带信号离散变化,二进制移相键控(2PSK)是用二进制数字基带信号控制载波的相位变化有两个状态,例如,二进制数字基带信号的 1 和 0 分别对应着载波的相位 0 和 π。

二进制移相键控信号表达式为

$$s_{2PSK}(t) = \left[\sum_n a_n g(t - nT_s) \right] \cos \omega_c t$$

其中, a_n 为双极性数字信号,即

$$a_n = \begin{cases} +1, & 概率为 P \\ -1, & 概率为 1-P \end{cases}$$

当 $g(t)$ 是持续时间为 T_s 的归一化矩形脉冲时,有

$$s_{2PSK}(t) = \begin{cases} \cos \omega_c t, & 概率为 P \\ -\cos \omega_c t = \cos(\omega_c t + \pi), & 概率为 1-P \end{cases} \tag{3-3}$$

由式(3-3)可见,当发送 1 时,2PSK 信号载波相位为 0,发送 0 时载波相位为 π,若用 φ_n 表示第 n 个码元的相位,则有

$$\varphi_n = \begin{cases} 0, 发送"1" \\ \pi, 发送"0" \end{cases}$$

这种二进制数字基带信号直接与载波的不同相位相对应的调制方式通常称为二进制绝对移相调制。2PSK 信号时域波形如图 3-18 所示。

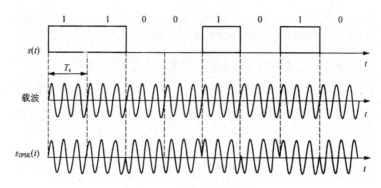

图 3-18　2PSK 信号时域波形

2PSK 信号的产生可以采用模拟调制(图 3-19)和数字键控(图 3-20)两种方法实现。2PSK 信号进行解调通常采用相干解调方式，其解调器原理框图如图 3-21 所示。2PSK 信号相干解调各点时间波形如图 3-22 所示。当恢复的相干载波产生 180°倒相时，其解调恢复的数字信息就会与发送的数字信息完全相反，从而造成解调器输出数字基带信号全部出错，这种现象称为 2PSK 的随机"π"现象。

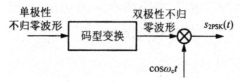

图 3-19　模拟调制法产生 2PSK 信号

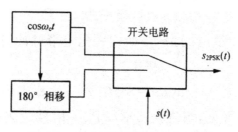

图 3-20　数字键控法产生 2PSK 信号

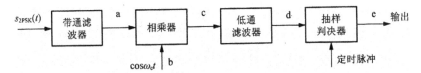

图 3-21　2PSK 信号相干解调原理框图

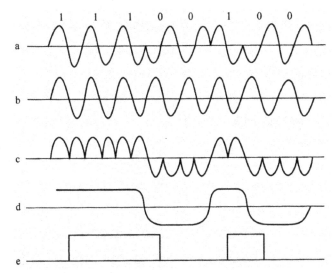

图 3-22　2PSK 信号相干解调各点波形示意图

2PSK 信号的功率谱密度为

$$P_{2PSK}(f) = \frac{1}{4}\left[P_s(f-f_c) + P_s(f+f_c)\right]$$

2PSK 信号的功率谱密度如图 3-23 所示。

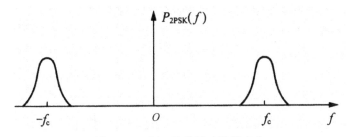

图 3-23　2PSK 信号的功率谱密度

（2）2DPSK 调制

由于 2PSK 调制方式在解调过程中会产生随机"倒 π"现象，所以常采用二进制差分移相键控（2DPSK）。2DPSK 调制方式是用前后相邻码元的载波相对相位变化来表示数字信息,所以又称为相对移相键控。假设 $\Delta\varphi$ 为前后相邻码元的载波相位差,可定义一种数字信息与 $\Delta\varphi$ 之间的关系

$$\Delta\varphi=\begin{cases}0,\text{表示数字信息"0"}\\\pi,\text{表示数字信息"1"}\end{cases}\quad \text{或}\ \Delta\varphi=\begin{cases}\pi,\text{表示数字信息"0"}\\0,\text{表示数字信息"1"}\end{cases}$$

则数字信息序列与 2DPSK 信号的相位关系可举例表示为

数字信息:　　　　　　0　0　1　1　1　0　0　1　0　1

2DPSK 信号相位:0　　0　0　π　0　π　π　π　0　0　π

或　　　　　　　　π　　π　π　0　π　0　0　0　π　π　0

2DPSK 信号调制器原理图如图 3-24 所示。2DPSK 信号调制过程波形如图 3-25 所示。

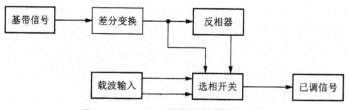

图 3-24　2DPSK 信号调制器原理框图

2DPSK 信号可以采用相干解调方式进行解调,解调器原理图和解调过程各点时间波形分别如图 3-26 和图 3-27 所示。2DPSK 相干解调与 2PSK 相干解调是相似的,区别仅在于 2DPSK 相干解调系统中有一个码型反变换模块,其作用是进行差分译码,这与调制端的差分编码是对应的。

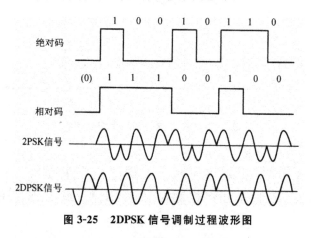

图 3-25　2DPSK 信号调制过程波形图

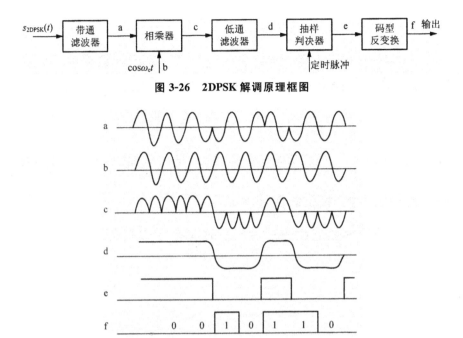

图 3-26　2DPSK 解调原理框图

图 3-27　2DPSK 信号解调过程各点时间波形

2DPSK 信号的功率谱密度与 2PSK 信号的功率谱密度是相同的。

3.2　最小移频键控

3.2.1　最小频移键控的原理

MSK 是一种特殊形式的 FSK，其频差是满足两个相互正交（即相关函数等于零）的最小频差，并要求 FSK 信号的相位连续，其调制指数为

$$h = \frac{|f_1 - f_2|}{f_b} = \frac{\Delta f}{f_b} = 0.5$$

MSK 信号的表达式为

$$s_{\text{MSK}}(t) = \cos\left(\omega_c t + \frac{\pi}{2T_b} a_k t + \varphi_k\right)$$

式中,a_k 为输入序列,取"+1"或"−1";T_b 为输入数据流的比特宽度;φ_k 是为了保证 $t = kT_b$ 时相位连续而加入的相位常量。令

$$\theta_k = \frac{\pi}{2T_b} a_k t + \varphi_k, kT_b \leqslant t \leqslant (k+1)T_b \tag{3-4}$$

式(3-4)为一直线方程,斜率为 $\pm\dfrac{\pi}{2T_b}$,截距为 φ_k。所以,在一个比特区间内,相位线性地增加或减少 $\dfrac{\pi}{2}$。

为了保证相位连续,在 $t = kT_b$ 时应有下式成立

$$\theta_{k-1}(kT_b) = \theta_k[kT_b]$$

从而有

$$\varphi_k = \varphi_{k-1} + (a_{k-1} - a_k)\frac{k\pi}{2} \tag{3-5}$$

设 $\varphi_0 = 0$,则 $\varphi_k = 0$ 或 $\varphi_k = \pm k\pi$。式(3-5)表明:本比特内的相位常数不仅与本比特区间的输入有关,还与前一个比特区间内的输入及相位常数有关。在给定输入序列 $\{a_k\}$ 情况下,MSK 的相位轨迹如图 3-28 所示。

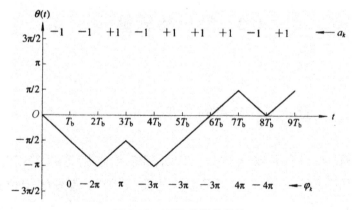

图 3-28　MSK 的相位轨迹

3.2.2 MSK 信号的正交表示

MSK 信号表达式可正交展开为

$$s_{\text{MSK}}(t)=\cos\left(\frac{\pi a_k}{2T_b}t+\varphi_k\right)\cos\omega_0 t-\sin\left(\frac{\pi a_k}{2T_b}t+\varphi_k\right)\sin\omega_0 t \quad (3\text{-}6)$$

由于

$$\cos\left(\frac{\pi a_k}{2T_b}t+\varphi_k\right)=\cos\frac{\pi a_k}{2T_b}t\cos\varphi_k-\sin\frac{\pi a_k}{2T_b}t\sin\varphi_k=\cos\varphi_k\cos\frac{\pi t}{2T_b}$$

$$(3\text{-}7)$$

$$\sin\left(\frac{\pi a_k}{2T_b}t+\varphi_k\right)=\sin\frac{\pi a_k}{2T_b}t\cos\varphi_k+\cos\frac{\pi a_k}{2T_b}t\sin\varphi_k=a_k\cos\varphi_k\sin\frac{\pi t}{2T_b}$$

$$(3\text{-}8)$$

式中,考虑到 $\varphi_k=k\pi, a_k=\pm1$,有 $\sin\varphi_k=0, \cos\varphi_k=\pm1$。

将式(3-7)和式(3-8)代入式(3-6),可得

$$s_{\text{MSK}}(t)=\cos\varphi_k\cos\frac{\pi t}{2T_b}\cos\omega_0 t-a_k\cos\varphi_k\sin\frac{\pi t}{2T_b}\sin\omega_0 t$$

$$=I_k\cos\frac{\pi t}{2T_b}\cos\omega_0 t+Q_k\sin\frac{\pi t}{2T_b}\sin\omega_0 t \quad (3\text{-}9)$$

式中, $I_k=\cos\varphi_k, Q_k=-a_k\cos\varphi_k$ 分别为同相支路和正交支路的等效数据。

式(3-9)表示,MSK 信号可以分解为同相分量和正交分量两部分。同相分量的载波为 $\cos\varphi_k, I_k$ 中包含输入码的等效数据, $\cos\frac{\pi t}{2T_b}$ 是其正弦形加权函数;正交分量的载波为 $\sin\omega_0 t, Q_k$ 中包含输入码的等效数据, $\sin\frac{\pi t}{2T_b}$ 是其正弦形加权函数。

3.2.3 信号的产生和解调

1. MSK 信号的产生方法

根据式(3-9)可以构成 MSK 调制器框图,如图 3-29 所示。

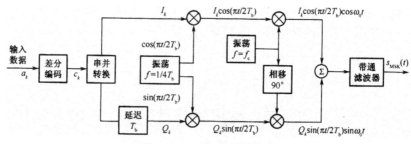

图 3-29　MSK 调制器框图

2. MSK 信号的功率谱密度

MSK 信号和 QPSK 信号的功率谱表示式分别为

$$P_{\text{MSK}}(f)=\frac{16A^2T_{\text{b}}}{\pi^2}\left\{\frac{\cos 2\pi(f-f_0)T_{\text{b}}}{1-\left[4(f-f_0)T_{\text{b}}\right]^2}\right\}^2$$

$$P_{\text{QPSK}}(f)=2A^2T_{\text{b}}\left[\frac{\cos 2\pi(f-f_0)T_{\text{b}}}{2\pi(f-f_0)T_{\text{b}}}\right]^2$$

式中，A 为信号的振幅。

图 3-30 是 MSK 与 QPSK（即 4PSK）的频谱比较，可以看出 MSK 的主瓣比 4PSK 宽 50%，但它的旁瓣比 4PSK 则低很多。因此，在需要恒定包络且不滤波（或很少滤波）的场合应用，MSK 是很合适的。

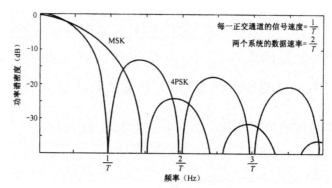

图 3-30　MSK 和 4PSK 的频谱比较

3. MSK 信号的解调

由于 MSK 信号是一种 FSK 信号，所以它可以采用解调 FSK

信号的相干或非相干解调。MSK 信号的相干解调原理框图如图 3-31 所示。

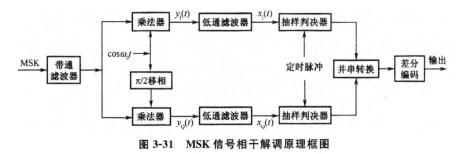

图 3-31　MSK 信号相干解调原理框图

3.3　高斯最小移频键控

3.3.1　GMSK 信号的波形和相位路径

实际上，MSK 信号可以由 FM 调制器来产生，MSK 信号在码元转换时刻虽然保持相位连续，但相位变化是折线，在码元转换时刻会产生尖角，使其频谱特性的旁瓣滚降缓慢，带外辐射还相对较大。为了解决这一问题，可将数字基带信号先经过一个高斯滤波器整形（预滤波），得到平滑后的某种新的波形后再进行调频，从而得到良好的频谱特性，调制指数仍为 0.5，如图 3-32 所示。

图 3-32　GMSK 信号的产生原理

高斯低通滤波器的冲击响应为

$$h(t) = \sqrt{\pi}\alpha\exp(-\pi^2\alpha^2 t^2)$$

$$\alpha = \sqrt{\frac{2}{\ln 2}}B_b$$

式中，B_b 为高斯滤波器的 3dB 带宽。

GMSK 的相位途径如图 3-33 所示。可见,GMSK 消除了 MSK 相位途径在码元转换时刻的相位转折点。GMSK 信号在一码元周期内的相位增量不像 MSK 那样固定为 $\pm\dfrac{\pi}{2}$,而是随着输入序列的不同而不同。

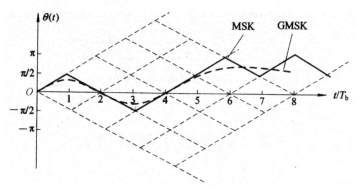

图 3-33　GMSK 信号的相位途径

经过预滤波后的基带信号 $q(t)$、相位函数 $\theta(t)$ 和 GMSK 信号的例子如图 3-34 所示。由图可以看出,GMSK 信号的相位函数 $\theta(t)$ 是一条光滑连续的曲线。即使是在码元交替的时刻,其导数也是连续的,因此信号的频率在码元交替时刻也不会发生突变,这会使信号的副瓣有更快的衰减。

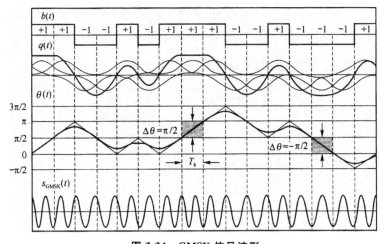

图 3-34　GMSK 信号波形

3.3.2　GMSK 信号的调制与解调

从原理上 GMSK 信号可用 FM 方法产生。所产生的 FSK 信号是相位连续的 FSK，只要控制调频指数 k_f，使 $h=0.5$，便可以获得 GMSK。但在实际的调制系统中，常常采用正交调制方法。因为

$$s_{\text{GMSK}}(t) = \cos\left[\omega_c t + k_f \int_{-\infty}^{t} q(\tau)\mathrm{d}\tau\right] = \cos\left[\omega_c t + \theta(t)\right]$$
$$= \cos\theta(t)\cos\omega_c t - \sin\theta(t)\sin\omega_c t$$

式中

$$\theta(t) = \theta(kT_b) + \Delta\theta(t)$$

在正交调制中，把式中 $\cos\theta(t)$、$\sin\theta(t)$ 看成是经过波形形成后的两条支路的基带信号。现在的问题是如何根据输入的数据 b_k 求得这两个基带信号。因为 $\Delta\theta(t)$ 是第 k 个码元期间信号相位随时间变化的量，因此 $\theta(t)$ 可以通过对 $\Delta\theta(t)$ 的累加得到。由于在一个码元内 $q(t)$ 波形为有限，在实际的应用中可以事先制作 $\cos\theta(t)$ 和 $\sin\theta(t)$ 两张表，根据输入数据通过查表读出相应的数值，得到相应的 $\cos\theta(t)$ 和 $\sin\theta(t)$ 波形。GMSK 正交调制方框图及各点波形如图 3-35 和图 3-36 所示。

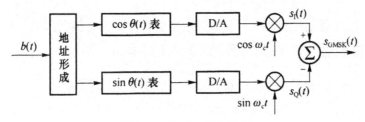

图 3-35　GMSK 正交调制

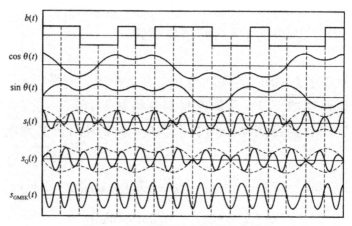

图 3-36　GMSK 正交调制的各点波形

　　GMSK 可以用相干方法解调,也可以用非相干方法解调。但在移动信道中,提取相干载波是比较困难的,通常采用非相干的差分解调方法。非相干解调方法有多种,这里介绍 1bit 延迟差分解调方法,其原理如图 3-37 所示。

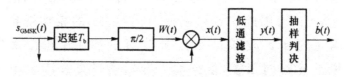

图 3-37　GMSK 1bit 延迟差分解调原理图

设接收到的信号为

$$s(t) = s_{\text{GMSK}}(t) = A(t)\cos[\omega_{c}t + \theta(t)]$$

这里,$A(t)$ 是信道衰落引起的时变包络。接收机把 $s(t)$ 分成两路,一路经过 1bit 的延迟和 90°的移相,得到 $W(t)$

$$W(t) = A(t - T_{b})\cos\left[\omega_{c}(t - T_{b}) + \theta(t - T_{b}) + \frac{\pi}{2}\right]$$

它与另一路的 $s(t)$ 相乘得 $x(t)$

$$x(t) = s(t)W(t)$$

$$= A(t)A(t - T_{b}) \times \frac{1}{2}\{\sin[\theta(t) - \theta(t - T_{b}) + \omega_{c}T_{b}] -$$

$$\sin[2\omega_{c}t - \omega_{c}T_{b} + \theta(t) + \theta(t - T_{b})]\}$$

经过低通滤波同时考虑到 $\omega_{c}T_{b} = 2n\pi$,得到 $y(t)$ 为

—— **64** ——

$$y(t)=\frac{1}{2}A(t)A(t-T_{\mathrm{b}})\sin\big[\theta(t)-\theta(t-T_{\mathrm{b}})+\omega_{\mathrm{c}}T_{\mathrm{b}}\big]$$

$$=\frac{1}{2}A(t)A(t-T_{\mathrm{b}})\sin\big[\Delta\theta(t)\big]$$

式中,$\Delta\theta(t)=\theta(t)-\theta(t-T_{\mathrm{b}})$ 是一个码元的相位增量。由于 $A(t)$ 是包络,总是 $A(t)A(t-T_{\mathrm{b}})>0$,在 $t=(k+1)T_{\mathrm{b}}$ 时刻对 $y(t)$ 抽样得到 $y[(k+1)T_{\mathrm{b}}]$,它的符号取决于 $\Delta\theta[(k+1)T_{\mathrm{b}}]$ 的符号,根据前面对 $\Delta\theta(t)$ 路径的分析,就可以进行判决

　　$y[(k+1)T_{\mathrm{b}}]>0$,即 $\Delta\theta[(k+1)T_{\mathrm{b}}]>0$ 判决解调的数据为 $\hat{b}_k=+1$;

　　$y[(k+1)T_{\mathrm{b}}]<0$,即 $\Delta\theta[(k+1)T_{\mathrm{b}}]<0$ 判决解调的数据为 $\hat{b}_k=-1$。

　　解调过程的各波形如图 3-38 所示,其中设 $A(t)$ 为常数。

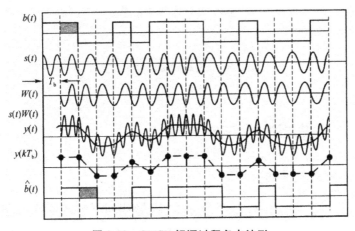

图 3-38　GMSK 解调过程各点波形

3.3.3　GMSK 功率谱

　　GMSK 信号的功率谱密度如图 3-39 所示。假设 B_{b} 为高斯滤波器的 3dB 带宽,T_{b} 为码元宽度,参变量 $B_{\mathrm{b}}T_{\mathrm{b}}$ 称为高斯滤波器的 3dB 归一化带宽,$B_{\mathrm{b}}T_{\mathrm{b}}$ 越小,频谱越集中。$B_{\mathrm{b}}T_{\mathrm{b}}=\infty$ 时的 GMSK 就是 MSK,它的主瓣宽于 QPSK/OQPSK,但带外高频滚降要快一些,GMSK 的滚降特性与 MSK 相比大为改善。若信道

带宽为 25kHz,数据率为 16kb/s,当取 $B_b T_b = 0.25$ 时,带外辐射功率可比总功率小 60dB。

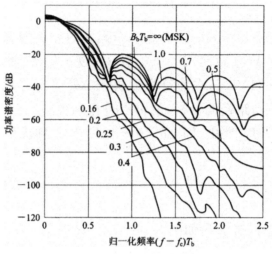

图 3-39　GMSK 功率谱密度

3.4　QPSK 调制

3.4.1　四相调制 QPSK

1. QPSK 信号的表示

在 QPSK 调制中,在要发送的比特序列中,每两个相连的比特分为一组构成一个 4 进制的码元,即双比特码元,如图 3-40 所示。双比特码元的 4 种状态用载波的 4 个不同相位 k ($k=1,2,3,4$)表示。双比特码元和相位的对应关系可以有许多种,图 3-41 是其中一种。这种对应关系称为相位逻辑。

图 3-40　双比特码元

双极性表示		φ_k
a_k	b_k	
+1	+1	$\pi/4$
−1	+1	$3\pi/4$
−1	−1	$5\pi/4$
+1	−1	$7\pi/4$

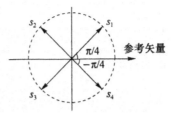

图 3-41　QPSK 的一种相位逻辑

QPSK 信号可以表示为

$$s_{QPSK}(t)=A\cos(\omega_c t+\varphi_k),k=1,2,3,4,kT_s\leqslant t\leqslant(k+1)T_s$$

其中，A 为信号的幅度；ω_c 为载波频率。

2. QPSK 信号的产生

QPSK 信号可以用正交调制方式产生

$$
\begin{aligned}
s_{QPSK}(t)&=A\cos(\omega_c t+\varphi_k)\\
&=A\cos\omega_c t\cos\varphi_k-A\sin\omega_c t\sin\varphi_k\\
&=I_k\cos\omega_c t-Q_k\sin\omega_c t
\end{aligned}
\tag{3-10}
$$

式中，$I_k=A\cos\varphi_k$；$Q_k=A\sin\varphi_k$；$\varphi_k=\arctan\dfrac{Q_k}{I_k}$。

令双比特码元 $(a_k,b_k)=(I_k,Q_k)$，则式(3-10)就是实现图 3-41 相位逻辑的 QPSK 信号。调制器的原理图如图 3-42 所示。调制器的各点波形如图 3-43 所示。由图 3-43 可以看出，当 I_k 和 Q_k 信号为方波时，QPSK 是一个恒包络信号。

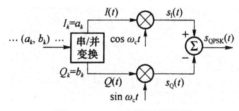

图 3-42　QPSK 调制原理图

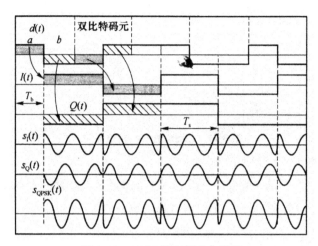

图 3-43　QPSK 调制器各点波形

3. QPSK 信号的功率谱和带宽

正交调制产生 QPSK 信号的方法实际上是把两个 BPSK 信号相加。QPSK 信号比 BPSK 信号的频带效率高出一倍,但当基带信号的波形是方波序列时,它含有较丰富的高频分量,所以已调信号功率谱的副瓣仍然很大,计算机分析表明信号主瓣的功率占 90%,而 99% 的功率带宽约为 $10R_s$。在两个支路加入低通滤波器(LPF)(图 3-44),对形成的基带信号实现限带,衰减其部分高频分量,就可以减小已调信号的副瓣。所用的低通滤波器通常就是特性如图 3-45 所示的升余弦特性滤波器。

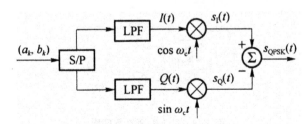

图 3-44　QPSK 的限带传输

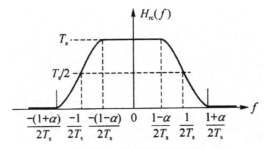

图 3-45　升余弦滤波特性

　　采用升余弦滤波的 QPSK 信号的功率谱在理想情况下,信号的功率完全被限制在升余弦滤波器的通带内,带宽为

$$B=(1+\alpha)R_s=\frac{R_b(1+\alpha)}{2}$$

式中,α 为滤波器的滚降系数($0<\alpha\leqslant1$)。$\alpha=0.5$ 时的 QPSK 信号的功率谱如图 3-46 所示。

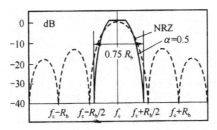

图 3-46　不同基带信号 QPSK 信号的功率谱

3.4.2　OQPSK

　　OQPSK 是 Offset QPSK 的缩写,称为交错正交相移键控,即它的 I、Q 两支路在时间上错开一比特的持续时间 T_b,因而两支路码元不可能同时转换,进而它最多只能有±90°相位的跳变。相位跳变变小,所以它的频谱特性比 QPSK 好,即旁瓣的幅度要小一些。其他特性均与 QPSK 差不多。OQPSK 和 QPSK 在时间关系上的不同如图 3-47 所示。

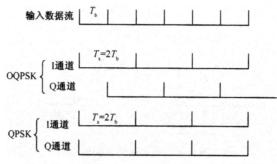

图 3-47　OQPSK 和 QPSK 在时间关系上的不同

图 3-48 给出了 OQPSK 调制原理框图。图中延迟 $\dfrac{T_s}{2}$ 是为了保证同相和正交两路码元偏移半个码元周期。低通滤波器的作用是形成 OQPSK 信号的频谱形状,保持包络恒定。除此之外,其他均与 QPSK 相同。

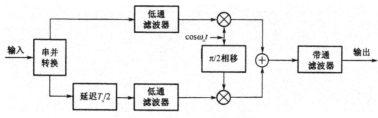

图 3-48　OQPSK 调制原理框图

OQPSK 信号可以采用正交相干解调的方式,原理框图如图 3-49所示。其中正交支路信号的判决时间比同相支路延迟了 $\dfrac{T_s}{2}$,以保证两路信号交错抽样。

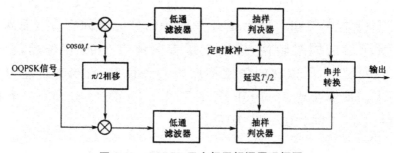

图 3-49　OQPSK 正交相干解调原理框图

3.4.3　π/4-QPSK

1. π/4-QPSK 信号的产生

π/4-QPSK 调制是对 OQPSK 和 QPSK 在最大相位变化上进行折中。它可以用相干或非相干方法进行解调。在 π/4-QPSK 中,最大相位变化限制在 ±135°。因此,带宽受限的 QPSK 信号在恒包络性能方面较好,但是在包络变化方面比 OQPSK 要敏感。非常吸引人的一个特点是,π/4-QPSK 可以采用非相干检测解调,这将大大简化接收机的设计。在采用差分编码后,π/4-QPSK 可成为 π/4-DQPSK。设已调信号为

$$s(t) = \cos(\omega_c t + \theta_k)$$

式中,θ_k 为 $kT \leqslant t \leqslant (k+1)T$ 间的附加相位。上式展开为

$$s(t) = \cos(\omega_c t + \theta_k) = \cos\omega_c t \cos\theta_k - \sin\omega_c t \sin\theta_k$$

式中,θ_k 是前一码元附加相位 θ_{k-1} 与当前码元相位跳变量 $\Delta\theta_k$ 之和。当前相位的表示如下

$$\theta_k = \theta_{k-1} + \Delta\theta_k$$

设当前码元两正交信号分别为

$$U_I(t) = \cos\theta_k = \cos(\theta_{k-1} + \Delta\theta_k) = \cos\theta_{k-1}\cos\Delta\theta_k - \sin\theta_{k-1}\sin\Delta\theta_k$$

$$U_Q(t) = \sin\theta_k = \sin(\theta_{k-1} + \Delta\theta_k) = \sin\theta_{k-1}\cos\Delta\theta_k + \cos\theta_{k-1}\sin\Delta\theta_k$$

令前一码元两正交信号幅度为 $U_{Qm} = \sin\theta_{k-1}$,$U_{Im} = \cos\theta_{k-1}$,则有

$$U_I(t) = U_{Im}\cos\Delta\theta_k - U_{Qm}\sin\Delta\theta_k$$

$$U_Q(t) = U_{Qm}\cos\Delta\theta_k + U_{Im}\sin\Delta\theta_k$$

可知,码元转换时刻的相位跳变只有 $\pm\dfrac{\pi}{4}$ 和 $\pm\dfrac{3\pi}{4}$ 四种取值,所以信号的相位也必定在图 3-50 所示的组之间跳变,而不可能产生如 QPSK 信号一样的 $\pm\pi$ 的相位跳变。信号的频谱特性得到了较大的改善。U_Q 和 U_I 只可能有 0、$\pm\dfrac{1}{\sqrt{2}}$、±1 这 5 种取值,且

0、± 1 和 $\pm\dfrac{1}{\sqrt{2}}$ 相隔出现。$\pi/4$-QPSK 调制电路如图 3-51 所示。

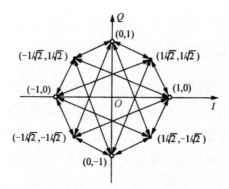

图 3-50 $\pi/4$-QPSK 的相位关系图

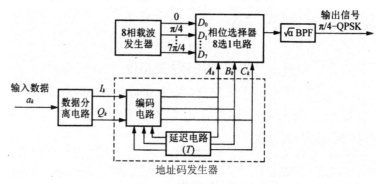

图 3-51 $\pi/4$-QPSK 调制电路

2. $\pi/4$-QPSK 信号的解调

（1）基带差分检测

基带差分检测电路如图 3-52 所示。

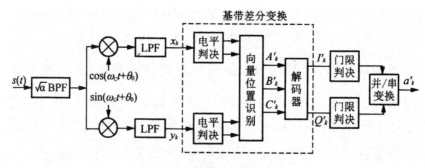

图 3-52 基带差分检测电路

设接收信号为

$$s(t)=\cos(\omega_c t+\theta_k),kT\leqslant t\leqslant(k+1)T$$

$s(t)$ 经高通滤波器($\sqrt{2}$BPF)、相乘器、低通滤波器(LPF)后的两路输出 x_k、y_k 分别为

$$x_k=\frac{1}{2}\cos(\theta_k-\theta_0)$$

$$y_k=\frac{1}{2}\sin(\theta_k-\theta_0)$$

式中,θ_0 是本地载波信号的固有相位差。x_k、y_k 取值为 ± 1、0、$\pm\dfrac{1}{\sqrt{2}}$。

令基带差分变换规则为

$$I'_k=x_k x_{k-1}+y_k y_{k-1}$$

$$Q'_k=y_k x_{k-1}-x_k y_{k-1}$$

由此可得

$$I'_k=\frac{1}{4}\cos\Delta\theta_k$$

$$Q'_k=\frac{1}{4}\sin\Delta\theta_k$$

θ_0 对检测信息无影响。接收机接收信号码元携带的双比特信息判断如下

$$Q'_k>0\ \text{判为“1”}$$

$$Q'_k<0\ \text{判为“0”}$$

$$I'_k>0\ \text{判为“1”}$$

$$I'_k<0\ \text{判为“0”}$$

(2)中频延迟差分检测

中频延迟差分检测电路如图 3-53 所示。

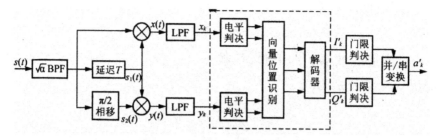

图 3-53　中频延迟差分检测电路

该检测电路的特点是在进行基带差分变换时无须使用本地相干载波

$$s(t)=\cos(\omega_c t+\theta_k),kT\leqslant t\leqslant(k+1)T$$

经延时电路和 $\dfrac{\pi}{2}$ 相移电路后输出电压为

$$s_1(t)=\cos(\omega_c t+\theta_{k-1}),kT\leqslant t\leqslant(k+1)T$$
$$s_2(t)=-\sin(\omega_c t+\theta_k),kT\leqslant t\leqslant(k+1)T$$

$s(t)$ 经 $\sqrt{2}$ BPF 分别与 $s_1(t)$、$s_2(t)$ 经相乘后的输出电压为

$$x(t)=\cos(\omega_c t+\theta_k)\cos(\omega_c t+\theta_{k-1})$$
$$y(t)=-\sin(\omega_c t+\theta_k)\cos(\omega_c t+\theta_{k-1})$$

$x(t)$、$y(t)$ 经 LPF 滤波后输出电压为

$$x_k=\frac{1}{2}\cos\Delta\theta_k$$
$$y_k=\frac{1}{2}\sin\Delta\theta_k$$

此后的基带差分及数据判决过程与基带差分检测相同。

（3）鉴频器检测（FMdiscriminator）

图 3-54 给出了 $\pi/4$-QPSK 信号的鉴频器检测工作原理框图。输入信号先经过带通滤波器，而后经过限幅去掉包络起伏。鉴频器取出接收相位的瞬时频率偏离量。通过一个符号周期的积分和释放电路，得到两个样点的相位差。该相位差通过四电平的门限比较得到原始信号。相位差可以用模 2 检测器进行检测。

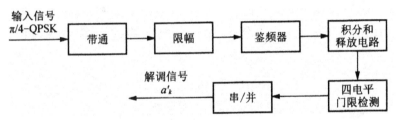

图 3-54　π/4-QPSK 信号的鉴频器检测工作原理框图

3. π/4-QPSK 信号的误码性能

（1）频功率特性

π/4-QPSK 信号的功率谱如图 3-55 所示。

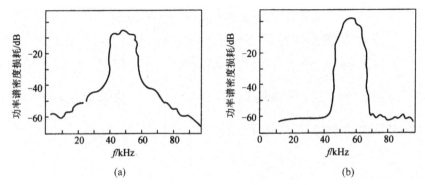

图 3-55　π/4-QPSK 信号的功率谱密度曲线

（a）无负反馈控制；（b）有负反馈控制

（2）误码性能

π/4-QPSK 误码性能与所采用的检测方式有关。采用基带差分检测方式的误比特率与比特能量噪声功率密度比 $\dfrac{E_b}{N_0}$ 之间的关系式为

$$P_e = e^{-\frac{2E_b}{N_0}} \sum_{k=0}^{\infty} (\sqrt{2} - 1)^k I_k\left(\sqrt{2}\,\frac{E_b}{N_0}\right) - \frac{1}{2} I_0\left(\sqrt{2}\,\frac{E_b}{N_0}\right) e^{-\frac{2E_b}{N_0}}$$

$$(3-11)$$

式中，$I_k\left(\sqrt{2}\dfrac{E_b}{N_0}\right)$ 是参量为 $\sqrt{2}\dfrac{E_b}{N_0}$ 的 K 阶修正第一类贝塞尔函数。

在稳态高斯信道中，根据式（3-11）可做出 π/4-QPSK 基带差分检测误码性能曲线,如图 3-56 所示。它比实际的差分检测曲线高 2dB 的功率增益,比 QPSK 相干检测曲线差 3dB 功率增益。

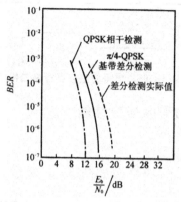

图 3-56　稳态高斯信道中的误码性能曲线

在快衰落信道条件下,误码性能曲线如图 3-57 所示。它是以多普勒频移 f_D 作为参量的一组曲线。由图可见,当 $f_D=80\text{Hz}$ 时,只要 $\dfrac{E_b}{N_0}=26\text{dB}$,可得误码率 $\text{BER}\leqslant10^{-3}$,其性能仍优于一般的恒包络窄带数字调制技术。

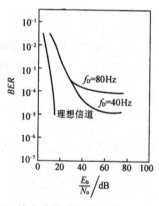

图 3-57　快衰落信道条件下的误码性能曲线

实践证明,π/4-QPSK 信号具有频谱特性好、功率效率高、抗干扰能力强等特点。可以在 25kHz 带宽内传输 32Kbps 的数字信息,从而有效地提高了频谱利用率,增大了系统容量。对于大功率系统,易引入非线性,从而破坏线性调制的特征。因而 π/4-QPSK 信号在数字移动通信中,特别是低功率系统中得到了广泛应用。

3.5　高阶调制

3.5.1　M 进制移相键控(MPSK)

MPSK 信号是使用 MPAM 数字基带信号对载波的相位进行调制得到的,每个 M 进制的符号对应一个载波相位,MPSK 信号可以表示为

$$s_i(t) = g_T(t)\cos\left[\omega_c t + \frac{2\pi(i-1)}{M}\right]$$

$$= g_T(t)\left[\cos\frac{2\pi(i-1)}{M}\cos\omega_c t - \sin\frac{2\pi(i-1)}{M}\sin\omega_c t\right]$$

式中, $i = 1, 2, \cdots, M$; $0 \leqslant t \leqslant T_s$。

$$(3-12)$$

每个 MPSK 信号的能量为 E_s, 即

$$E_s = \int_0^{T_s} s_i^2(t)\mathrm{d}t = \frac{1}{2}\int_0^{T_s} g_T^2(t)\mathrm{d}t = \frac{1}{2}E_g$$

由式(3-12)看出可以把 MPSK 信号映射到一个二维的矢量空间上,这个矢量空间的两个归一化正交基函数为

$$f_1(t) = \sqrt{\frac{2}{T_s}}\cos\omega_c t$$

$$f_2(t) = -\sqrt{\frac{2}{T_s}}\sin\omega_c t$$

MPSK 信号的正交展开式为

$$s_i(t) = s_{i1}f_1(t) + s_{i2}f_2(t)$$

其中

$$s_{i1} = \int_0^{T_s} s_i(t)f_1(t)\mathrm{d}t \qquad s_{i2} = \int_0^{T_s} s_i(t)f_2(t)\mathrm{d}t$$

MPSK 信号的二维矢量表示为

$$\boldsymbol{s}_i = (s_{i1}, s_{i2})$$

相邻符号间的欧氏距离为

$$d_{\min} = \sqrt{E_g \left(1 - \cos \frac{2\pi}{M}\right)}$$

8PSK 和 16PSK 的信号星座图如图 3-58 所示。

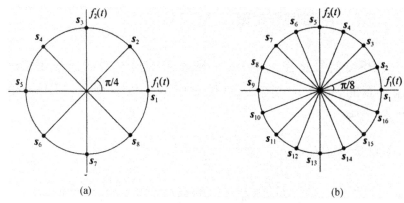

(a)   (b)

图 3-58   8PSK 和 16PSK 的信号星座图

(a)8PSK 宿号空间图；(b)16PSK 信号空间图

以 8PSK 为例,其产生框图如图 3-59 所示。输入的二进制序列 $\{b_n\}$ 经串并变换后成为 3bit 并行码,即将二进制转换为八进制,对应于 8 个星座点,并与 a_i、a_q 电平之间满足一定的映射关系。(a_i, a_q) 为星座点的坐标。将图 3-58(a)中 8PSK 信号空间图旋转 $22.5°$ 之后,a_i、a_q 便为四电平序列。

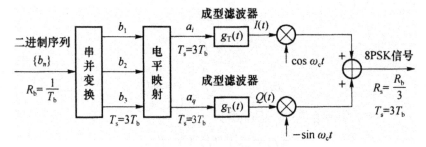

图 3-59   产生 8PSK 信号的原理框图

MPSK 接收信号可用二维矢量表示

$$\boldsymbol{r} = \boldsymbol{s}_i + \boldsymbol{n} = [r_1, r_2] = \left[\sqrt{E_s}\, a_i + n_1, \sqrt{E_s}\, a_q + n_2\right]$$

式中, $i=1,2,\cdots,M$; $0\leqslant t\leqslant T_s$。

在加性白高斯噪声干扰下,MPSK 的最佳接收框图如图 3-60 所示。

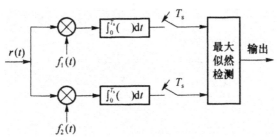

图 3-60　在加性白高斯噪声干扰下 MPSK 最佳接收框图

在各信号波形等概率出现情况下,最佳接收的判决准则是最大似然准则。根据此判断准则可最佳地划分判决域。图 3-61 表示 8PSK 信号空间图及其最佳判决域的划分。

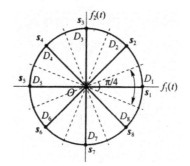

图 3-61　8PSK 的最佳判决域划分

在先验等概时,MPSK 的平均误符率为

$$P_{\mathrm{M}} = \sum_{1=1}^{M} P(s_i)P(e\,|\,s_i) \approx 2Q\left(\sqrt{2K\gamma_{\mathrm{b}}}\,\sin\frac{\pi}{M}\right)$$

其中, $\gamma_{\mathrm{b}} = \dfrac{E_{\mathrm{b}}}{N_0}$。

3.5.2　MQAM 调制

1. MQAM 信号的产生和解调

图 3-62 给出了 MQAM 调制原理框图。图中输入的二进制

序列经过串并转换器输出速率减半的两路并行序列,分别经过 2 到 $L(L=\sqrt{M})$ 电平变换,形成三电平的基带信号 $m_{\mathrm{I}}(t)$ 和 $m_{\mathrm{Q}}(t)$。为了抑制已调信号的带外辐射,$m_{\mathrm{I}}(t)$ 和 $m_{\mathrm{Q}}(t)$ 需要经过预调低通滤波器,再分别与同相载波和正交载波相乘,最后将两路信号相加即可得到 MQAM 信号。

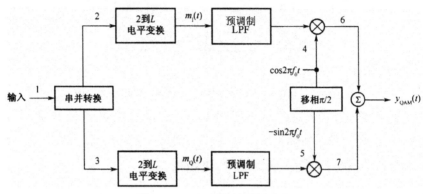

图 3-62　MQAM 调制原理框图

MQAM 可以采用正交相干解调方法,其解调原理框图如图 3-63所示。

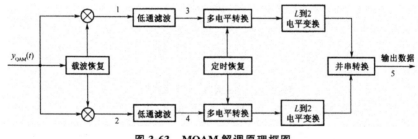

图 3-63　MQAM 解调原理框图

2. MQAM 信号的性能

(1)MQAM 信号的抗噪性能

在矢量图中相邻点的最小距离直接代表噪声容限的大小。当信号受到噪声和干扰的损害时,接收信号错误概率将随之增大。将 16QAM 信号和 16PSK 信号的性能做一比较,在图 3-64 中按最大振幅相等,画出这两种信号的星座图。设其最大振幅为 A_{M},则 16PSK 信号相邻点间的欧氏距离为

$$d_{16PSK} \approx A_M\left(\frac{\pi}{8}\right) = 0.393A_M \tag{3-13}$$

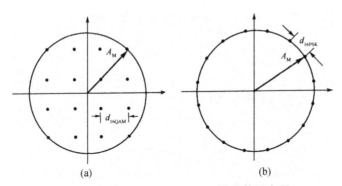

图 3-64　16QAM 信号和 16PSK 信号的星座图

(a)16QAM；(b)16PSK

而 16QAM 信号相邻点间的欧氏距离为

$$d_{16QAM} \approx \frac{\sqrt{2}A_M}{3} = 0.471A_M \tag{3-14}$$

d_{16PSK} 和 d_{16QAM} 的比值代表这两种体制的噪声容限之比。可以看出,在其他条件相同的情况下,采用 QAM 调制可以增大各信号间的距离,提高抗干扰能力。

(2)MQAM 信号的频带利用率

每个电平包含的比特数目越多,效率就越高。MQAM 信号是由同相支路和正交支路的上进制的 ASK 信号叠加而成的,所以 MQAM 信号的信息频带利用率为

$$\eta = \frac{\log_2 M}{2} = \log_2 L$$

但需要指出的是,QAM 的高频带利用率是以牺牲其抗干扰性能为代价获得的,进制数越大,信号星座点数越多,其抗干扰性能就越差。因为随着进制数的增加,不同信号星座点间的距离变小,噪声容限减小,同样噪声条件下的误码率也就增加。

3.6 正交频分复用

3.6.1 OFDM 系统模型

OFDM 系统的基带框图如图 3-65 所示。

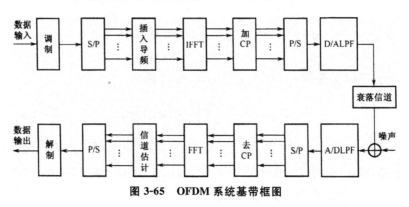

图 3-65 OFDM 系统基带框图

3.6.2 OFDM 系统子载波调制

图 3-66 所示为 OFDM 系统调制解调图。

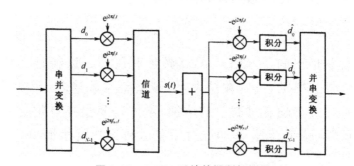

图 3-66 OFDM 系统的调制解调图

设 N 表示子载波个数，T_{OFDM} 表示每个 OFDM 符号持续时间，$d_i(i=0,1,2,\cdots,N-1)$ 表示分配给每个子信道的数据符号，

f_i 表示第 i 个子载波的载波频率。一个 OFDM 符号是每个子载波的叠加。从 $t=t_s$ 开始,OFDM 符号可以表示为

$$s(t)=\begin{cases} R_e\left\{\sum_{i=1}^{N-1}d_i\text{rect}\left(t-t_s-\dfrac{T_{\text{OFDM}}}{2}\right)\exp[\text{j}2\pi f_i(t-t_s)]\right\},t_s\leqslant t\leqslant \\ \qquad\qquad\qquad\qquad\qquad\qquad\qquad\qquad t_s+T_{\text{OFDM}} \\ 0,t<t_s \text{ 或 } t>t_s+T_{\text{OFDM}} \end{cases}$$

其中,$\text{rect}(t)=1,|t|\leqslant\dfrac{T_{\text{OFDM}}}{2}$ 为矩形函数。一般采用等效基带信号来描述 OFDM 的输出信号

$$s(t)=\begin{cases} \sum_{i=0}^{N-1}d_i\text{rect}\left(t-t_s-\dfrac{T_{\text{OFDM}}}{2}\right)\exp\left[\text{j}2\pi\dfrac{i}{T}(t-t_s)\right],t_s\leqslant t\leqslant \\ \qquad\qquad\qquad\qquad\qquad\qquad\qquad\qquad t_s+T_{\text{OFDM}} \\ 0,t<t_s \text{ 或 } t>t_s+T_{\text{OFDM}} \end{cases}$$

其中,$s(t)$ 的实部与 OFDM 符号的同相分量相对应,其虚部与正交分量相对应。

对 $s(t)$ 信号以 $\dfrac{T_{\text{OFDM}}}{N}$ 速率进行抽样,并假设 $t_s=0$,得

$$s_k=s\left(\dfrac{kT_{\text{OFDM}}}{N}\right)=\sum_{i=0}^{N-1}d_i\exp\left(\text{j}\dfrac{2\pi ik}{N}\right),0\leqslant k\leqslant N-1$$

而信号的离散傅里叶变换(DFT)和逆离散傅里叶变换(IDFT)的定义为

$$X(k)=\sum_{n=0}^{N-1}x(n)W_N^{nk},0\leqslant k\leqslant N-1$$

$$X(n)=\frac{1}{N}\sum_{k=0}^{N-1}x(k)W_N^{-nk},0\leqslant n\leqslant N-1$$

其中,$W_N=\text{e}^{-\text{j}\frac{2\pi}{N}}$。

通过对公式的比较可以发现,对 OFDM 信号进行抽样等价于对数据信息进行逆傅里叶变换(IDFT),而解调相当于进行傅里叶变换(DFT)。快速傅里叶变换(FFT)与 DFT 相比,可以显著降低运算的复杂度,对子载波数大的 OFDM 系统来说性能优势十分明显。

3.6.3 OFDM 的频带利用率分析

设 OFDM 系统中共有 N 路子载波,子信道码元持续时间为 T_s,每路子载波均采用 M 进制调制,则它占用的频带宽度等于

$$B_{\text{OFDM}}=\frac{N+1}{T_s}$$

频带利用率为单位带宽传输的比特率

$$\eta_{\text{OFDM}}^{B}=\frac{N\log_2 M}{T_s}\cdot\frac{1}{B_{\text{OFDM}}}=\frac{N}{N+1}\log_2 M$$

当 N 很大时

$$\eta_{\text{OFDM}}^{B}\approx\log_2 M$$

若用单个载波的 M 进制码元传输,为得到相同的传输速率,则码元持续时间应缩短为 $\dfrac{T_s}{N}$,而占用带宽等于 $\dfrac{2N}{T_s}$,故频带利用率为

$$\eta_{M}^{B}=\frac{N\log_2 M}{T_s}\cdot\frac{T_s}{2N}=\frac{1}{2}\log_2 M$$

可以发现,并行的 OFDM 体制和串行的单载波体制相比,频带利用率大约可以增至 2 倍。

3.7 网格编码调制

3.7.1 网格编码调制的基本概念

网格编码调制(Trellis Coded Modulation,TCM)是一种"信号集空间编码",它将纠错编码和调制结合在一起,利用信号集的冗余度来获取纠错能力。TCM 调制在保持信息传输速率和带宽不变的条件下能够获得 3~6dB 的功率增益。可以证明,在

AWGN 环境下,应用 TCM 技术的 Modem 在 2400Hz 通带内,其信息传输速率达 19.2kbps,其频率利用率可达 8bps/Hz,大大提高了信道频谱利用率。目前,该技术已经逐渐应用到了无线通信、微波通信、卫星通信以及移动通信等各个领域中,应用前景非常广阔。

图 3-67 给出了一个带限高斯白噪声信道中采用 MPSK 调制时信道容量与信噪比的关系曲线。图中左上角的一条线是根据香农信道容量公式 $C = W\lg\left(1 + \dfrac{S}{N}\right)$ 得出的理论曲线,该曲线可视为理论极限。下面的几条线分别是采用 16PSK、8PSK、4PSK、2PSK 调制时携带的信息量与信噪比的关系曲线。

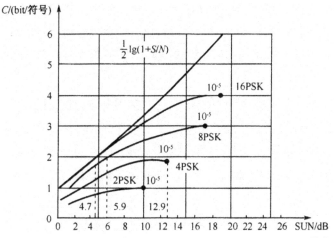

图 3-67　带限 AWGN 信道 MPSK 调制时信道容量 C 与信噪比 SNR 的关系曲线

由图 3-67 可见,在误码率为 10^{-5} 时,采用 4PSK 调制,每个符号传送 2 位信息,所需要的信噪比为 12.9dB。若改用 8PSK 调制,每符号仍传送 2 位信息,所需要的信噪比仅为 5.9dB,即可取得 12.9 - 5.9 = 7dB 的编码增益。这就是 TCM 的基本思想和理论基础。当然,用 16PSK、32PSK 等传送 2 位信息,可以进一步降低对信噪比的要求,但不可能超过香农信道容量公式的极限值 4.7dB。但继续增大信号集会使设备变得很复杂,代价大而收益小。因此,TCM 码通常仅增加一个冗余监督比特,如用 8PSK 来传送 2 位信息,剩下的 1 比特用作冗余监督位。

3.7.2　网格编码调制信号的产生

　　TCM 编码调制方法建立在 Ungerboeck 提出的集划分方法的基础上。这种划分方法的基本原则是将信号星座图划分成若干子集,使子集中的信号点间距离比原来的大。每划分一次,新的子集中信号点间的距离就增大一次。图 3-68 中给出了 8PSK 信号星座图划分的例子。图中 A_0 是 8PSK 信号的星座图,设信号振幅,即圆的半径 $r=1$,其中任意两个信号点间的距离为 $d_0=2\sqrt{r}\sin\dfrac{\pi}{8}=0.765$。这个星座图被划分为 B_0 和 B_1 两个子集,在子集中相邻信号点间的距离为 $d_1=\sqrt{2}=1.414$。将这两个子集再划分一次,得到 4 个子集 $C_i(i=0,1,2,3)$,其欧氏距离扩大为 $d_2=2$。将这 4 个子集再划分一次,得到 8 个子集,每个子集各有一个信号点。

　　在这个 TCM 系统的例子中,需要根据已编码的 3 比特信息来选择信号点,即选择波形的相位。这个系统中卷积码编码器框图如图 3-69 所示。由图可见,这个卷积码的约束长度等于 3。编码器输出的前两个比特 c_1 和 c_2 用来选择星座图划分的路径,最后 1 比特 c_3 用于选定星座图第 3 级(最低级)中的信号点。在图 3-68 中,c_1、c_2 和 c_3 表示已编码的三个码元,图中最下一行注明了 $(c_1c_2c_3)$ 的值。若 $c_1=1$,则从 A_0 向左分支走向 B_0;若 $c_1=1$,则从 A_0 向右分支走向 B_1。第 2 个和第 3 个码元 c_2 和 c_3 也按照这一原则选择下一级的信号点。

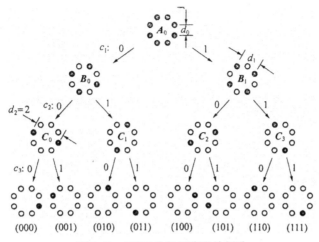

图 3-68　8PSK 信号星座图的划分

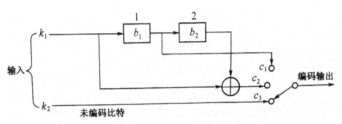

图 3-69　一种 TCM 编码器框图

图 3-70 给出了 TCM 编码器的原理框图，它将 k 比特输入信息段分为 k_1、k_2 两段，即 $k = k_1 + k_2$。前 k_1 比特通过一个 (n_1, k_1, m) 的卷积码编码器，产生 n_1 比特输出，用来选择信号星座图中 2^{n_1} 个分割（子集）之一。后面的 k_2 个未编码比特直接用于选择子集中的信号点，即信号星座图被分割为 2^{n_1} 个子集，每个子集中包含 2^{k_2} 个信号点。

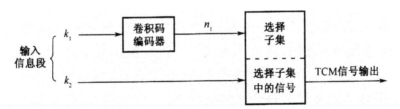

图 3-70　TCM 编码器原理框图

图 3-71 给出了 4 状态 8PSK TCM 编码器结构图，图中 $k_1 = k_2$，$n_1 = 2$（4 电平状态）。$n_1 = 2$ 表示 8PSK 信号星座图被分割成

$2^{n_1}=4$ 个子集，每个子集中包含 $2^{k_2}=2$ 个信号点。该卷积码的寄存器个数 $m=2$，即 $(2,1,2)$ 卷积码。在图 3-69 中，卷积码编码器输出的前两个比特 c_1 和 c_2 用来选择信号星座图划分的路径。如 $c_1=0$，则从 A 向左分支至 B_1；若 $c_1=1$，从 A 向右分支至 B_1，依此类推。c_3 用来选择 4 个子集 C_0、C_1、C_2、C_3 中的信号点。

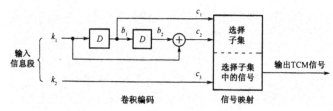

图 3-71　4 状态 8PSK TCM 编码器结构

设初始状态 $b_2b_1=00$，$k_1=k_2=0$，卷积码编码器的输出码字为

$$\begin{cases} c_3=k_2 \\ c_2=k_1 \oplus b_2 \\ c_1=b_1 \end{cases}$$

表 3-1 给出了输入序列 $k_1=(01101000)$ 时 TCM 编码器的工作过程。

表 3-1　$(2,1,2)$ 卷积码的工作过程

k_1	0	1	1	0	1	0	0	0
b_2b_1	00	00	01	11	10	01	10	00
$c_1c_2c_3$	$00k_2$	$01k_2$	$11k_2$	$11k_2$	$00k_2$	$10k_2$	$01k_2$	$00k_2$
状态	a	a	b	d	c	b	c	a

图 3-72 给出了相应的网格图。图中实线表示输入信息码元 $k_1=0$，虚线表示输入信息码元 $k_1=1$。由该网格图可见，从一个状态转移到另一个状态有并行的两条路径，这是因为 k_2 没有参加卷积编码的缘故。每个子集与一组并行转移对应原则如下。

①从某一状态发出的子集源于同一个上级子集，如 C_0 和 C_1 源于同一个上级子集 B_0。

②到达某一状态的子集源于同一个上级子集。

③各子集在编码矩阵中出现的次数相等,并呈现出一定的对称性。

TCM 码的译码通常采用维特比算法。与卷积码不同的是卷积码译码时使用汉明距离,TCM 码的维特比译码使用欧氏距离代替汉明距离作为选择幸存路径的量度。

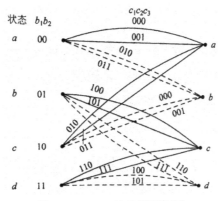

图 3-72 TCM 编码器网格图

第4章 多址接入与抗衰落技术

为了克服无线信道(陆地移动信道、短波电离层反射信道等)中各种衰落及由此产生的影响,无线通信系统有必要采取若干措施来尽量消除衰落产生的影响。

4.1 多址接入技术

4.1.1 基本原理

移动通信中的多址接入是指多个移动用户通过不同的地址可以共同接入某个基站,原理上与固定通信中的多路复用相似,但有所不同。多路复用的目的是区分多个通路,通常在基带和中频上实现,而多址区分不同的用户地址,一般需要利用射频来实现。为了让多址信号之间互不干扰,无线电信号之间必须满足正交特性。信号的正交特性利用正交参量 $\lambda_i(i=1,2,\cdots,n)$ 来实现。在发送端设有一组相互正交信号为

$$X_t = \sum_{i=1}^{n} \lambda_i x_i(t)$$

式中,$x_i(t)$ 为第 i 个信号;λ_i 为第 i 个用户的正交量,且满足

$$\lambda_i \cdot \lambda_j = \begin{cases} 1, i=j \\ 0, i\neq j \end{cases}$$

在接收端设计一个正交信号识别器,如图 4-1 所示,则可获得所

需的信号。

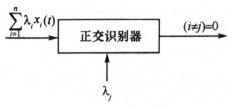

图 4-1　正交识别器

正交参量确定后则可确定多址方式,也就确定了信号传输的信道。

4.1.2　FDMA 方式

　　FDMA 即频分多址,是利用频率作为正交参量的多址方式,所以用户能够同时发送信号,信号之间通过不同的工作频率来区分。采用 FDMA 方式的系统的正向和反向信道可有 TDD 和 FDD 两种区分方法,如图 4-2 所示。

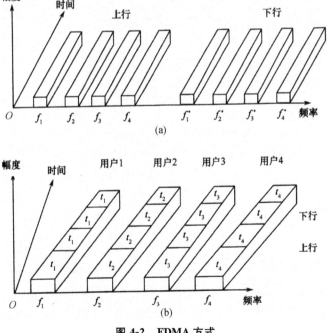

图 4-2　FDMA 方式

(a)FDMA/FDD;(b)FDMA/TDD

由图可见,在频率轴上,前向信道占有较高的频带,反向信道占有较低的频带,两者之间留有保护频段,保护频段一般必须大于一定数值。此外,用户信道之间通常要设有载频间隔,以避免系统频率漂移造成频道间的重叠。

图 4-3 列出了 AMPS、TACS 和 CT-2 三种制式的多址方式。

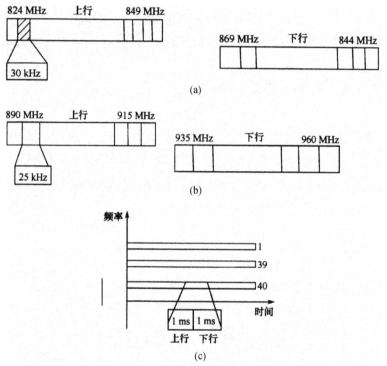

图 4-3 不同制式的频分多址方式

(a)AMPS 中的 FDMA/FDD;(b)TACS 中的 FDMA/FDD;

(c)CT-2 中的 FDMA/TDD

4.1.3 TDMA 方式

TDMA 即时分多址,是正交参量为时间的多址方式,不同的用户利用不同的时隙完成通信任务。在 TDMA 系统中,正向和反向信道也有两种方式,即 FDD 和 TDD,其信道分配如图 4-4 所示。

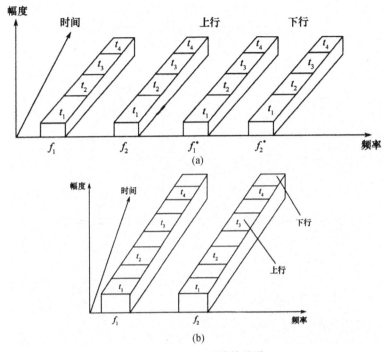

图 4-4　TDMA 系统的信道

（a）TDMA/FDD 和多载波；（b）TDMA/TDD 和多载波

　　TDMA 帧是 TDMA 系统的基本单元，由时隙组成，每一个时隙由传输的信息，包括待传数据和一些附加的数据组成，图 4-5 所示为一个完整的 TDMA 帧。

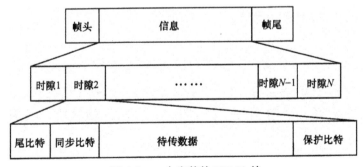

图 4-5　一个完整的 TDMA 帧

　　与 TDMA 相比 FDMA 最主要的优势是其格式的灵活性，其缓冲和多路复用均可灵活配置，不同用户时隙分配随时可以调整，为不同的用户提供不同的接入速率。应用 TDMA 方式的移动通信系统有 GSM(图 4-6)和 DECT(图 4-7)。

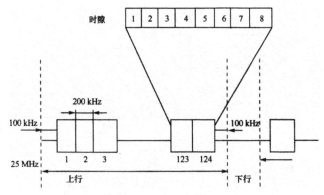

图 4-6　GSM 系统的信道设置(FDMA/TDMA/FDD)示意图

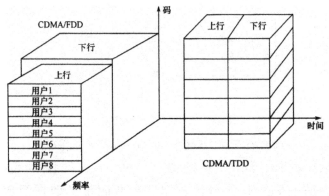

图 4-7　DECT 系统的信道设置(FDMA/TDMA/TDD)示意图

4.1.4　CDMA 方式

　　CDMA 即码分多址,是利用码型作为正交参量的多址方式。不同的用户通过码型区分,称为地址码。在通信过程中,正向和反向信道的区分也有两种方式,即 FDD 和 TDD,如图 4-8 所示。

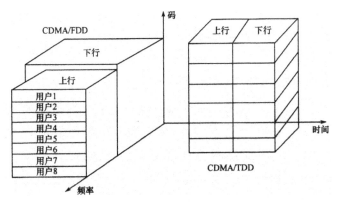

图 4-8　CDMA 的信道

CDMA 系统中的用户共享一个频率,其系统容量可以扩充,只会影响通信质量,不会造成硬阻塞现象。由于不同用户所采用的地址码对于信号有扩展频谱的作用,一方面可以减少多径衰落的影响,另一方面根据香农定理,信号功率谱密度可以大大降低,从而提高抗窄带干扰的能力和频率资源的使用率。

4.1.5　SDMA 方式

SDMA 即空分多址,是通过空间的分割来区别不同的用户,即将无线传输空间按方向将小区划分成不同的子空间以实现空间的正交隔离。自适应阵列天线是其中的主要技术实现方式,可实现极小的波束和无限快的跟踪速度,能够有效接收每一用户所有有效能量,克服多径影响。SDMA 也可以与 FDMA、TDMA 和 CDMA 结合,在同一波束范围内的不同用户也可以区分,以进一步提高系统容量。图 4-9 是 SDMA 方式示意图。

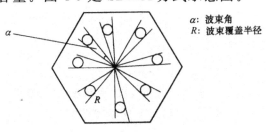

图 4-9　SSDMA 方式示意图

4.1.6 OFDM 多址方式

OFDM 的基本原理是采用一组正交子载波并行地传输多路信号,每一路低速数据流综合形成一路高速数据流。对每一路信号而言,其低速率特点使符号周期展宽,则多径效应产生的时延扩展相对变小,从而提高数据传输性能。第四代移动通信系统中 OFDM 也是备选的方式之一。图 4-10 为 OFDM 符号的时域波形和频谱结构示意图。

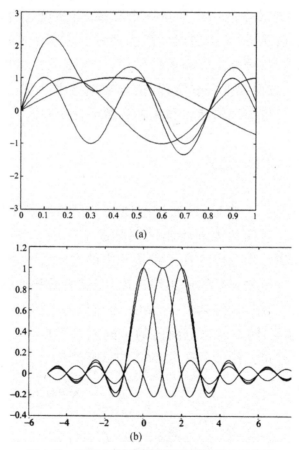

(a)

(b)

图 4-10　OFDM 符号时域波形和频谱结构示意图

(a)时域波形;(b)频谱结构

OFDM 作为一种多载波调制技术,与传统的多址技术结合可以实现多用户 OFDM 系统,如 OFDM-TDMA、OFDMA 和多载波 CDMA 等。

4.1.7　随机多址方式

与固定分配方式不同,随机分配资源使用户在需要发送信息时接入网络,从而获得等级可变的服务。若用户同时要求获得通信资源,则将不可避免地发生竞争,导致用户的冲突,因此,随机多址方式有时也称为基于竞争的方式或竞争方式。移动通信系统中随机多址方式主要用于数据传输,共有两大类,第一类是基于 ALOHA 的接入方式(图 4-11);第二类是基于载波侦听(CS-MA)的随机接入方式(图 4-12)。

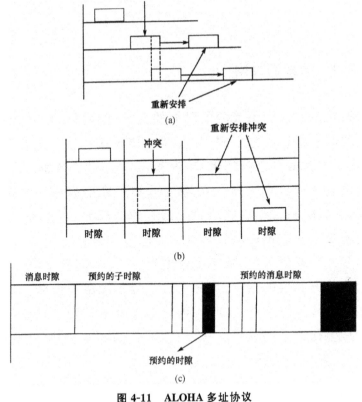

图 4-11　ALOHA 多址协议

(a)纯 ALOHA;(b)时隙 ALOHA;(c)预约 ALOHA

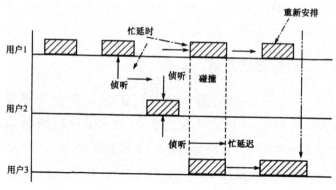

图 4-12　CSMA 的基本操作

4.2　分集技术

4.2.1　分集的类型

分集是指通过两条或两条以上的途径传输同一信息,只要不同路径的信号是统计独立的,并且到达接收端后按一定规则适当合并,就会大大减少衰落的影响,改善系统性能。例如,人用两只眼睛和两只耳朵分别来接收图像信号和声音信号就是典型的分集接收,一只眼睛肯定不如两只眼睛看得更清楚、更全面,一只耳朵的接收效果肯定不如两只耳朵的接收效果好。

分集技术有很多种,从不同角度划分,有不同种分集。

①从分集的目的划分:可分为宏观分集和微观分集。

②从信号的传输方式划分:可分为显分集和隐分集。

③从多路信号的获得方式划分:可分为空间分集、极化分集、时间分集、频率分集或角度分集等。

1. 宏观分集

为了消除由于阴影区域造成的信号衰落,可以在两个不同的地点设置两个基站,情况如图 4-13 所示。这两个基站可以同时接收移动台的信号。由于这两个基站的接收天线相距甚远,所接收到的信号的衰落是相互独立、互不相关的。用这样的方法我们获得两个衰落独立、携带同一信息的信号。

由于传播的路径不同,所得到的两个的信号强度(或平均功率)一般是不等的。设基站 A 接收到的信号中值为 m_A,基站 B 接收到的信号中值为 m_B,它们都服从对数正态分布。若 $m_A > m_B$,则确定用基站 A 与移动台通信;若 $m_A < m_B$,则确定用基站 B 与移动台通信。移动台在 B 路段运动时,可以和基站 B 通信;而在 A 路段则和基站 A 通信。从所接收到的信号中选择最强信号,这是宏观分集中所采用的信号合并技术。

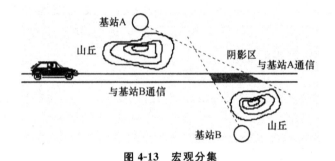

图 4-13　宏观分集

宏观分集所设置的基站数可以不止一个,视需要而定。宏观分集也称为多基站分集。

2. 微观分集

(1)空间分集

空间分集包括接收空间分集和发射空间分集,是指在接收端或发送端各放置几幅天线,各天线的空间位置要相距足够远,一般要求间距应大于等于工作波长的一半,以保证各天线接收或发射的信号彼此独立。以接收空间分集为例,在接收端以不同天线接收来自同一发射端送过来的无线信号,并经适当合并得到信号,如图 4-14 所示。空间分集又分为水平空间分集和垂直空间分集,即表示分别在水平位置放置天线或在垂直高度上放置天线。

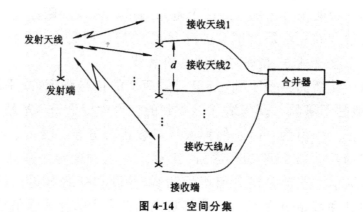

图 4-14　空间分集

（2）极化分集

极化分集（图 4-15）是指分别接收水平极化波和垂直极化波的分集方式。因为水平极化波和垂直极化波彼此正交，相关性很小，因此分集效果明显。

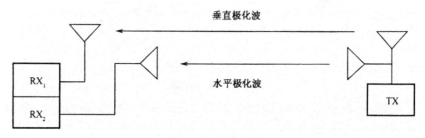

图 4-15　极化分集

（3）时间分集

时间分集（图 4-16）是指将同一信号在不同时刻多次发送。当时间间隔足够大时，接收端接收到的不同时刻的信号基本互不相关，从而达到分集的效果。直序扩频可以看作一种时间分集。

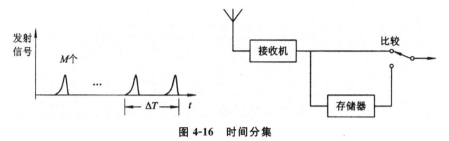

图 4-16　时间分集

（4）频率分集

频率分集（图 4-17）是指将同一信号采用多个频率进行传送。当频率间隔足够大时,由于电波空间对不同频率的信号产生相对独立的衰落特性,因此各频率信号之间彼此独立。在移动通信系统中,通常采用跳频扩频技术实现频率分集。

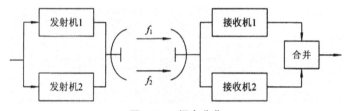

图 4-17　频率分集

在实际的应用中,一种实现频率分集的方法是采用跳频扩频技术。它把调制符号在频率快速改变的多个载波上发送,这种情况如图 4-18 所示。采用跳频方式的频率分集很适合于采用 TD-MA 接入方式的数字移动通信系统。由于瑞利衰落和频率有关,在同一地点,不同频率的信号衰落的情况是不同的,所有频率同时严重衰落的可能性很小,如图 4-19 所示。当移动台静止或以慢速移动时,通过跳频获取频率分集的好处是明显的;当移动台高速移动时,跳频没什么帮助,也没什么危害。数字蜂窝移动电话系统（GSM）在业务密集的地区常常采用跳频技术,以改善接收信号的质量。

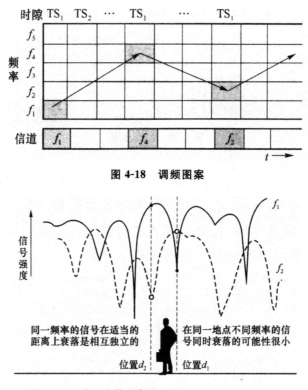

图 4-18　调频图案

图 4-19　瑞利衰落引起信号强度随地点、频率变化

（5）角度分集

角度分集（图 4-20）是指利用天线波束的不同指向来传送同一信号的方式。指向不同，对应的角度不同。由于来自不同方向的信号彼此互不相关，从而达到分集。

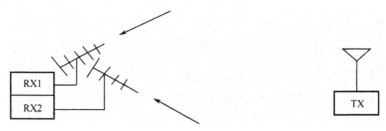

图 4-20　角度分集

分集技术由于减小了信号的衰落深度，从而增加了系统信噪比，提高了系统性能。与不采用分集技术相比，分集技术使系统性能改善的效果可以通过中断率、分集增益等指标来描述。中断

率是指当接收信号功率低于某一值,致使噪声影响加大,从而使得电路发生中断的概率的百分数变大;中断率越低,分集效果越好。分集增益是指接收机在满足一定误码率和中断率的条件下,采用分集接收和不采用分集接收时接收机所需输入信噪比的差;显然分集增益越大,分集效果越好。

4.2.2 分集合并的方式

采用分集技术接收下来的信号,按照一定的规则进行合并;合并方式不同,分集效果也不同。分集技术采用的合并方式主要有以下几种。

1. 选择合并

从分集接收到的几个分散信号中选取具有最好信噪比的支路信号,作为最终输出的方式就是选择合并(Selective Combining),其基本原理如图 4-21 所示。

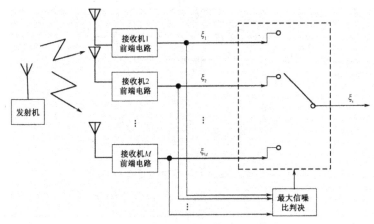

图 4-21　选择式合并的原理图

图中 M 个接收机分集接收到 M 个独立路径信号并送入选择逻辑电路,由选择逻辑电路根据信噪比最大准则进行判断,并输出最好信噪比的支路信号。

选择式合并器的输出信噪比为

$$\xi_s = \max\{\xi_k\} = \max\left\{\frac{r_k^2}{2N_k}\right\}, k=1,2,\cdots,M$$

式中，ξ_k 为第 k 条支路的信噪比；r_k 为第 k 条支路的信噪比；N_k 为支路的噪声平均功率。

ξ_s 的均值为

$$\bar{\xi}_s = \int_0^\infty \xi_s p(\xi_s)\mathrm{d}\xi_s = \bar{\xi}\sum_{k=1}^{M}\frac{1}{k}$$

2. 最大比值合并

最大比值合并（Maximal Ratio Combining, MRC）是指接收端通过控制各分集支路增益，使各支路增益分别与本支路的信噪比成正比，然后再相加获得接收信号的方式。理论证明，最大比值合并方式是最佳的合并方式。图 4-22 列出了接收端有 M 个支路的最大比值合并方式的原理示意图。

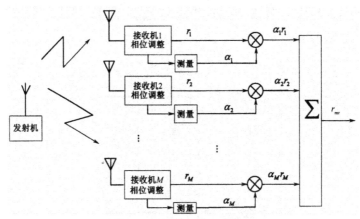

图 4-22　最大比值合并的原理图

图中每个支路都包含一个加权放大器，根据各支路信噪比的大小来分配加权的权重，信噪比大的支路分配大的权重，信噪比小的支路分配小的权重。除加权放大器之外，每个支路还包括一个可变移相器，用于在合并前将各支路信号调整为同相，从而获得最大输出信噪比。

最大比值合并器的输出为

$$\xi_{\mathrm{mr}} = \frac{\dfrac{r_{\mathrm{mr}}^2}{2}}{N_{\mathrm{mr}}} = \frac{\left(\sum\limits_{k=1}^{M} \alpha_k r_k\right)^2}{2\sum\limits_{k=1}^{M} \alpha_k^2 N_k}$$

$$= \frac{\left[\sum\limits_{k=1}^{M} \alpha_k \sqrt{N_k}\ \dfrac{r_k}{\sqrt{N_k}}\right]^2}{2\sum\limits_{k=1}^{M} \alpha_k^2 N_k}$$

$$= \frac{\left(\sum\limits_{k=1}^{M} \alpha_k^2 N_k\right)\left(\sum\limits_{k=1}^{M} \dfrac{r_k^2}{N_k}\right)}{2\sum\limits_{k=1}^{M} \alpha_k^2 N_k}$$

$$= \sum_{k=1}^{M} \frac{r_k^2}{2 N_k} = \sum_{k=1}^{M} \xi_k$$

式中，α_k 为第 k 条支路的加权系数。

最大比值合并器的平均输出信噪比为

$$\bar{\xi}_{mr} = \sum_{k=1}^{M} \bar{\xi}_k = M\bar{\xi}$$

3. 等增益合并

当最大比值合并中各支路的加权系数都为 1 时就是等增益合并(Equal Gain Combining,EGC)。它是一种最简单的线性合并方式。由于等增益合并利用了各分集支路信号的信息,其改善效果要优于选择合并方式。等增益合并方式的原理图如图 4-23所示。

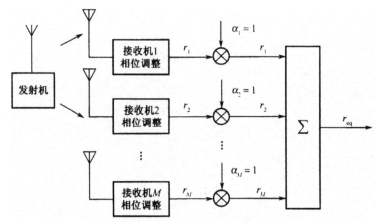

图 4-23　等增益合并原理图

设各支路噪声平均功率相等,则输出的信噪比为

$$\xi_{\mathrm{eq}} = \frac{\frac{1}{2}\left(\sum\limits_{k=1}^{M} r_k\right)^2}{\sum\limits_{k=1}^{M} N_k} = \frac{1}{2NM}\left(\sum\limits_{k=1}^{M} r_k\right)^2$$

各支路的信噪比均值为

$$\bar{\xi}_{\mathrm{eq}} = \frac{1}{2NM}\overline{\left(\sum\limits_{k=1}^{M} r_k\right)^2} = \frac{1}{2NM}\left(\sum\limits_{k=1}^{M} \overline{r_k^2} + \sum\limits_{\substack{j,k=1 \\ j \neq k}}^{M} \overline{r_k r_j}\right)$$

$$= \frac{1}{2NM}\left[2Mb^2 + M(M-1)\frac{\pi b^2}{2}\right]$$

$$= \bar{\xi}\left[1 + (M-1)\frac{\pi}{4}\right]$$

式中,$\overline{r_k \cdot r_j} = \overline{r_k} \cdot \overline{r_j}, j \neq k; \overline{r_k^2} = 2b^2; \overline{r_k} = b\sqrt{\dfrac{\pi}{2}}$。

4. 性能比较

为了比较不同合并方式的性能,可以比较它们的输出平均信噪比与没有分集时的平均信噪比。这个比值称为合并方式的改善因子,用 D 表示。对选择合并方式,改善因子为

$$D_{\mathrm{s}} = \frac{\bar{\xi}_{\mathrm{s}}}{\bar{\xi}} = \sum\limits_{k=1}^{M} \frac{1}{k}$$

对最大比值合并,改善因子为

$$D_{\mathrm{mr}} = \frac{\bar{\xi}_{\mathrm{mr}}}{\bar{\xi}} = M$$

对等增益合并,改善因子为

$$D_{\mathrm{eq}} = \frac{\bar{\xi}_{\mathrm{eq}}}{\bar{\xi}} = 1 + (M-1)\frac{\pi}{4}$$

通常用 dB 表示:$D(\mathrm{dB}) = 10\lg D$,图 4-24 给出了各种 D(dB)-M 的关系曲线。

由图 4-24 可见,信噪比的改善随着分集的重数增加而增加,在 $M=2\sim3$ 时,增加很快,但随着 M 的继续增加,改善的速率放慢,特别是选择合并。考虑到随着 M 的增加,电路复杂程度也增加,实际的分集重数一般最高为 3~4。在 3 种合并方式中,最大比值合并改善最多,其次是等增益合并,最差是选择合并,这是因为选择合并只利用其中一个信号,其余没有被利用,而前两者使各支路信号的能量都得到利用。

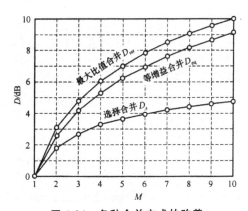

图 4-24　各种合并方式的改善

5. 分集对数字移动通信误码的影响

在加性高斯白噪声信道中,数字传输的错误概率 P_e 取决于信号的调制解调方式及信噪比 γ。在数字移动信道中,信噪比是一个随机变量。前面对各种分集合并方式的分析,得到了在瑞利衰落的信噪比概率密度函数。可以把 P_e 看成是衰落信道中给定信噪比 $\gamma=\xi$ 的条件概率。为了确定所有可能值的平均错误概率

$\overline{P}_e$,可以计算下面的积分

$$\overline{P}_e = \int_0^\infty P_e(\xi) \cdot p_M(\xi) d\xi$$

式中,$p_M(\xi)$即为 M 重分集的信噪比概率密度函数。下面以二重分集为例说明分集对二进制数字传输误码的影响。由于差分相干解调 DPSK 误码率的表达式是比较简单的指数函数,这里以它为例来分析多径衰落环境下各种合并器的误码特性。DPSK 的误码率为

$$P_b = \frac{1}{2} e^{-\gamma}$$

(1)采用选择合并器的 DPSK 误码特性

令 $\gamma = \xi_s$,则平均误码率为

$$\overline{P}_b = \int_0^\infty \frac{1}{2} e^{-\xi_s} \cdot p(\xi_s) d\xi_s = \frac{M}{2} \sum_{k=0}^{M-1} C_{M-1}^k (-1)^k \frac{1}{1+k+\overline{\xi}}$$

(2)采用最大比值合并器的 DPSK 误码特性

令 $\gamma = \xi_{mr}$,则平均误码率为

$$\overline{P}_b = \int_0^\infty \frac{1}{2} e^{-\xi_{mr}} \cdot p(\xi_{mr}) d\xi_{mr} = \frac{1}{2(1+\overline{\xi})^M}$$

(3)采用等增益合并器的 DPSK 误码特性

令 $\gamma = \xi_{eq}$,由 $M=2$ 时等增益合并的输出信噪比的概率密度函数,可以求得平均误码率为

$$\overline{P}_b = \int_0^\infty \frac{1}{2} e^{-\xi_{eq}} \cdot p(\xi_{eq}) d\xi_{eq} = \frac{1}{2(1+\overline{\xi})} - \frac{\overline{\xi}}{2(\sqrt{1+\overline{\xi}})^3} \text{arccot}(\sqrt{1+\overline{\xi}})$$

上述各积分计算也可以用数值计算的方法。图 4-25 给出了 $M=2$ 时,3 种合并方式的平均误码特性。由图可见,二重分集对无分集误码特性有了很大的改善,而 3 种合并的差别不是很大。

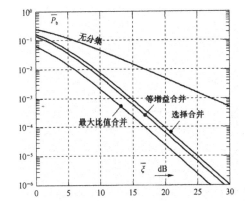

图 4-25　$M=2$ 各种合并方式 DPSK 的平均误码特性

4.3　均衡技术

4.3.1　基本原理

所谓均衡是指各种用来克服码间干扰的算法和实现方法。一个无码间干扰的理想传输系统，在没有噪声干扰的情况下，系统的冲激响应 $h(t)$ 应该具有如图 4-26 所示的波形。它除了在指定的时刻对接收码元的抽样值不为零外，在其余的抽样时刻均应该为零。由于实际信道的传输特性并不理想，冲激响应的波形失真是不可避免的，如图 4-27 所示的 $h_d(t)$，信号的抽样值在多个抽样时刻不为零。这就造成样值信号之间的干扰，即码间干扰。严重的码间干扰会对信息比特造成错误判决。为了提高信息传输的可靠性，必须采取适当的措施来克服码间干扰的影响，方法就是采用信道均衡技术。

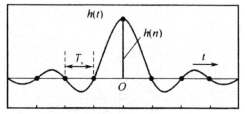

图 4-26　无码间干扰的样值序列

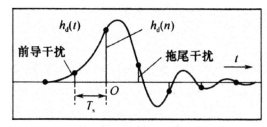

图 4-27　有码间干扰的样值序列

　　均衡是指对信道特性的均衡,也就是接收端滤波器产生与信道相反的特性,用来减小或消除因信道的时变多径传播特性引起的码间干扰。在无线通信系统中,通过接收端插入一种可调(或不可调)滤波器来校正或补偿系统特性,减小码间串扰的影响,这种起补偿作用的滤波器称为均衡器。图 4-28 所示为无线信道均衡示意图。

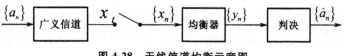

图 4-28　无线信道均衡示意图

　　实现均衡的途径有很多,目前主要是通过频域均衡和时域均衡两种途径来实现。频域均衡主要是从频域角度出发,使总的传输函数满足无失真传输条件,它是通过分别校正系统的幅频特性和群迟延特性来实现的。

　　时域均衡器位于接收滤波器和抽样判决器之间,它的基本设计思想是将接收滤波器输出端抽样时刻上存在码间串扰的响应波形变换成抽样时刻上无码间串扰的响应波形。时域均衡在原理上分为线性均衡器和非线性均衡器两种类型,每一种类型均可分为多种结构,而每一种结构的实现又可根据特定的性能和准则采用多种自适应调整滤波器参数的算法。根据时域均衡器的使用类型、结构和算法的不同，对均衡器进行的分类如图 4-29 所示。

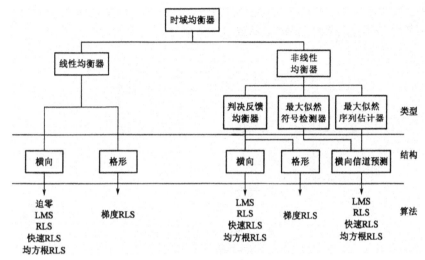

图 4-29　时域均衡器的分类

4.3.2　非线性均衡器

最基本的线性均衡器结构就是线性横向均衡器(LTE)型结构。当信道中存在深度衰落而使信号产生严重失真时，线性均衡器会对出现深度衰落的频谱部分及周边的频谱产生很大的增益，从而增加了这段频谱的噪声，以致线性均衡器不能取得满意的效果，这时采用非线性均衡器处理效果比较好。常用的非线性算法有判决反馈均衡(DFE)、最大似然符号检测均衡及最大似然序列估计均衡(MLSE)。

1. 判决反馈均衡器

判决反馈均衡器(DFE)的结构如图 4-30 所示，它由两个横向滤波器和一个判决器构成，两个横向滤波器由一个前向滤波器和一个反馈滤波器组成，其中前向滤波器是一个一般的线性均衡器，前向滤波器的输入是接收序列，反馈滤波器的输入是已判决

— 111 —

的序列。判决反馈均衡器根据接收序列预测前向滤波器输出中的噪声和残留的码间干扰,然后从中减去反馈滤波器输出,从而消除这些干扰,其中码间干扰是由硬判决之后的信号计算出来的,这样就从反馈信号中消除了加性噪声。与线性均衡器相比,判决反馈均衡器的错误概率要小。

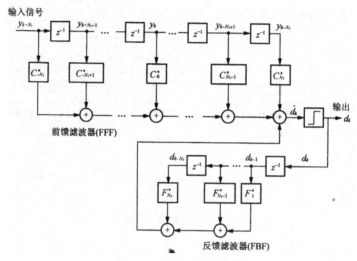

图 4-30 判决反馈均衡器

前馈滤波器有 $N_1 + N_2 + 1$ 个抽头,反馈滤波器有 N_3 个抽头,它们的抽头系数分别是 C_N^* 和 F_i^* 。均衡器的输出可以表示为

$$\hat{d}_k = \sum_{n=N_1}^{N_2} C_N^* y_{k-n} + \sum_{n=N_1}^{N_2} F_i d_{k-i}$$

2. 最大似然序列估计均衡器

最大似然序列估计均衡器(MLSE)最早是由 Fomey 提出的,它设计了一个基本的最大似然序列估计结构,并采用 Viterbi 算法实现。最大似然序列估计均衡器的结构如图 4-31 所示,最大似然序列估计均衡器通过在算法中使用冲击响应模拟器,并利用信道冲激响应估计器的结果,检测所有可能的数据序列,选择概率最大的数据序列作为输出。最大似然序列估计均衡器是在数据

序列错误概率最小意义下的最佳均衡,这就需要知道信道特性,以便计算判决的度量值。

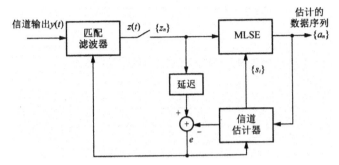

图 4-31　最大似然序列估计均衡器(MLSE)的结构

4.3.3　自适应均衡器

自适应均衡器一般包含两种工作模式:训练模式和跟踪模式,如图 4-32 所示。

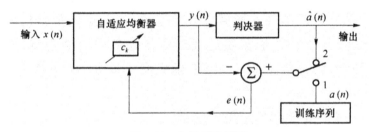

图 4-32　自适应均衡器

时分多址的无线系统发送数据时通常是以固定时隙长度定时发送的,特别适合使用自适应均衡技术。它的每一个时隙都包含有一个训练序列,可以安排在时隙的开始处,如图 4-33 所示。此时,均衡器可以按顺序从第一个数据抽样到最后一个进行均衡,也可以利用下一时隙的训练序列对当前的数据抽样进行反向均衡,或者在采用正向均衡后再采用反向均衡,比较两种均衡的误差信号的大小,输出误差小的均衡结果。训练序列也可以安排在数据的中间,如图 4-34 所示,此时训练序列可以对数据做正向和反向均衡。

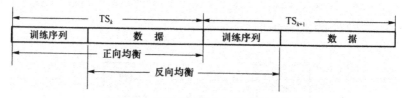

图 4-33 训练序列置于时隙的开始位置

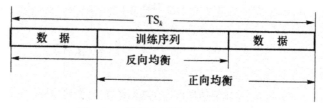

图 4-34 训练序列置于时隙的中间

4.4 扩频通信

扩频通信技术是一种信息传输方式：在发送端采用扩频码调制，使信号所占的频带宽度远大于所传信息必需的带宽；在接收端采用相同的扩频码进行相干解调来恢复所传信息数据。

4.4.1 直接序列扩频

直接序列扩频系统通过将伪随机（PN）序列直接与基带脉冲数据相乘来扩展基带信号。伪随机序列的一个脉冲或符号称为一个"码片"。采用二进制相移调制的直接序列扩频系统调制器原理图如图 4-35 所示。

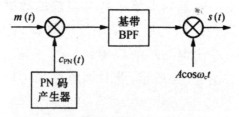

图 4-35 直接序列扩频系统调制器原理图

直接序列扩频系统的调制波形图和功率密度谱图如图 4-36 和图 4-37 所示。

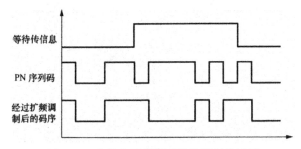

图 4-36　直接序列扩频系统的调制波形图

在图 4-37 中,原始信息扩频调制后频谱扩展了数百倍,发送过程中不可避免地被噪声感染;解扩频后,原始信息收敛,噪声被扩频,功率密度下降,信息的有效部分被提取出来。

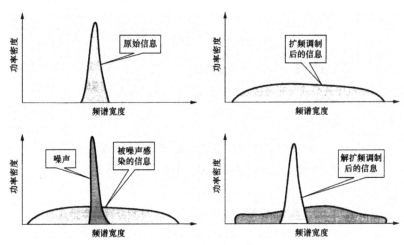

图 4-37　功率密度谱图

为了提高扩频系统的频谱利用率,调制方式可以采用四相调制技术,如图 4-38 所示。

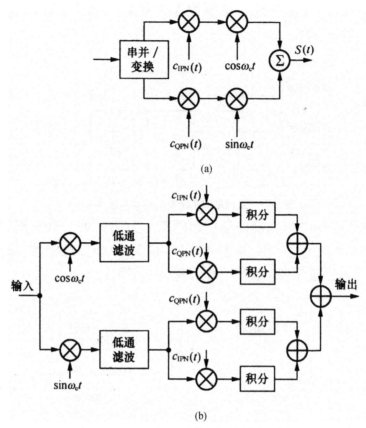

(a)

(b)

图 4-38　双四相扩频调制器、解调器原理图

（a）描述了调制器原理；（b）描述了解调器原理

4.4.2　频率跳变扩频

在跳频扩频中，调制数据信号的载波频率不是一个常数，而是随扩频码变化。在时间周期 T 中，载波频率不变；但在每个时间周期后，载波频率跳到另一个（也可能是相同的）频率上。跳频模式由扩展码决定。所有可能的载波频率的集合称为跳频集。

直接序列扩频和跳频扩频在频率占用上有很大不同。当一个直接序列扩频系统传输时占用整个频段，而跳频扩频系统传输时仅占用整个频段的一小部分，并且频谱的位置随时间而改变。跳频扩频频率使用情况如图 4-39 所示。

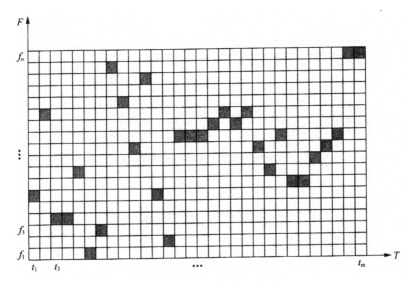

图 4-39　跳频扩频频率使用图

　　在跳频扩频系统中,根据载波频率跳变速率的不同可以分为两种跳频方式。如果跳频速率远大于符号速率,则称为快跳频(FFH),在这种情况下,载波频率在一个符号传输期间变化多次,因此一个比特是使用多个频率发射的。如果跳频速率远小于符号速率,则称为慢跳频(SFH),在这种情况下,多个符号使用一个频率发射。

　　跳频扩频系统原理如图 4-40 所示。在发送端,基带数据信号与扩频码调制后,控制快速频率合成器,产生跳频扩频信号。在接收端进行相反的处理。使用本地生成的伪随机序列对接收到的跳频扩频信号进行解扩,然后通过解调器恢复出基带数据信号。同步/追踪电路确保本地生成的跳频载波和发送的跳频载波模式同步,以便正确地进行解扩。

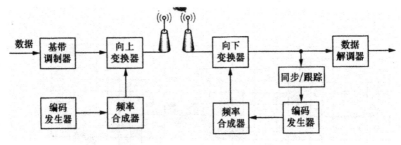

图 4-40　跳频扩频系统原理图

4.5　多天线技术

4.5.1　MIMO

MIMO 系统提高频谱效率的关键在于：发射机和接收机使用多个天线，不仅可以提供时间、频率自由度，还能提供额外的空间自由度。增加的自由度为无线通信系统提高容量、分集阶数和支持多用户提供了新的途径，同时还能减少干扰信号的影响。

MIMO 系统能够实现空间分集（Diversity），如图 4-41 所示，当多个接收天线的间距足够大（超过 10 个波长）时，每个接收天线的接收信号经历的衰落是相互独立的。当某个接收信号为深衰落时，其他天线接收信号很可能是浅衰落的，因此可以用多天线实现分集接收；利用 MIMO 系统还可增加通信系统的吞吐容量（Through-Put），如图 4-42 所示，发端数据流经过串并变换，每个子序列用一个天线进行传输，这相当于多通道传输，从而实现高速率传输；MIMO 系统可以支持多用户通信，如图 4-43 所示，采用多个收发天线，在接收机中每个空间分隔用户对应一个唯一信道冲激响应（Channel Impulse Response，CIR），这就是 SDMA。

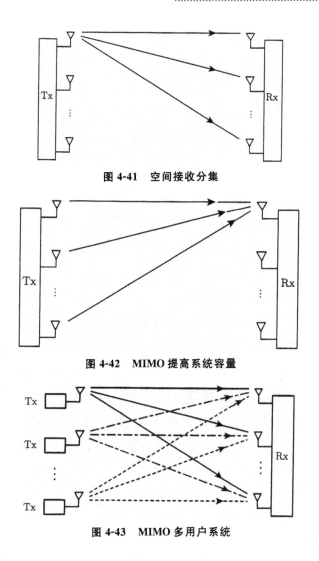

图 4-41　空间接收分集

图 4-42　MIMO 提高系统容量

图 4-43　MIMO 多用户系统

4.5.2　MIMO 的系统模型

图 4-44 给出了 MIMO 系统模型示意图。MIMO 系统中在收发双端使用多个天线，每个收发天线对之间形成一个 MIMO 子信道，假定发送端有 N_T 个发送天线，接收端有 N_R 个接收天线，在收发天线之间形成 $N_T \times N_R$ 信道矩阵 $\boldsymbol{H}$。在某一时刻 t，信道矩阵为

$$H(t) = \begin{bmatrix} h_{11} & h_{12} & \cdots & h_{1N_R} \\ h_{21} & h_{22} & \cdots & h_{2N_R} \\ \vdots & \vdots & \ddots & \vdots \\ h_{N_T 1} & h_{N_T 2} & \cdots & h_{N_T N_R} \end{bmatrix}$$

H 的元素是任意一对收发天线之间的信道增益。

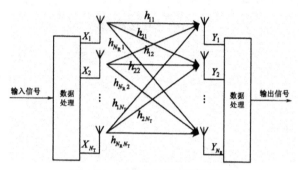

图 4-44　MIMO 系统模型示意图

对于信道矩阵参数确定的 MIMO 信道,假定发送端不知道信道信息,总的发送功率为 P,其值与发送天线的数量 N_T 无关;接收端的噪声用 $N_R \times 1$ 矩阵 n 表示,它的元素是独立零均值高斯复变量,各个接收天线的噪声功率均为 σ^2;发送功率平均分配到每一个发送天线上,在 N_R 一定时可得到容量的近似表达式

$$C = N_R \log_2 (1 + \rho) \tag{4-1}$$

式中,ρ 是各路接收端的信噪比,有

$$\rho = \frac{P}{N_R \sigma^2}$$

从式(4-2)可以看出,此时的信道容量随着天线数量的增加而线性增大。也就是说,可以利用 MIMO 信道成倍地提高无线信道容量,在不增加带宽和天线发送功率的情况下,频谱利用率可以成倍地提高。

利用 MIMO 技术可以提高信道的容量,同时可以提高信道的可靠性,降低误码率。前者是利用 MIMO 信道提供的空间复用增益,后者是利用 MIMO 信道提供的空间分集增益。

4.5.3　空时处理

MIMO 系统由于增加了空间自由度,这也给接收系统信号处理增加了空间域自由度,可实现空时信号处理。传统单天线系统,接收端时域上的信号处理基本上都是如图 4-45 所示的横向滤波器形式,利用多天线(智能天线),可以开发在空间域的信号处理技术,如图 4-46 所示。在 MIMO 系统中则可以结合时域和空间域的处理形成空时信号处理,如图 4-47 所示,如空时编码、波束成形(Beamforming)、空时均衡等。空时信号处理技术是提高系统容量、覆盖和业务质量等的强有力手段。

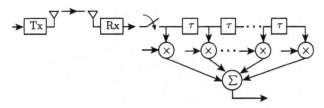

图 4-45　时域上的接收信号处理

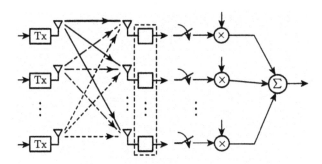

图 4-46　空域上的接收信号处理

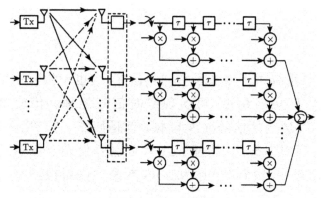

图 4-47　空时信号处理

第5章 第二代、第三代移动通信技术

由于移动通信采用无线通信方式,用户设备便于移动环境使用,因而具有机动、灵活、受空间限制少和实时性好等特点,因而在军事上和生产实践、社会生活中得到了广泛的应用,逐渐成为日常工作、生活不可或缺的部分。移动通信产业也成为最具活力、发展最为迅速的领域,是全球经济的重要增长点之一。

现代移动通信技术是一门复杂的高新技术,它不但集中了无线通信和有线通信的最新技术成就,而且集中了网络技术和计算机技术的许多成果,其技术仍在不断地演进中,朝着通信的最高目标——"5W"迈进。

5.1 GSM 系统及关键技术研究

5.1.1 GSM 的主要特点

全球移动通信系统(Global System for Mobile Communication,GSM)是一种基于时分多址(TDMA)的数字蜂窝移动通信系统,其特点可概括如下:

①漫游功能,可实现国际漫游。

②提供多种业务,主要提供语音业务外,开放有各种承载业务、补充业务以及与综合业务数字网(Integrated Services Digital Network,ISDN)相关的业务,与 ISDN 网络兼容。

③有较好地抗干扰能力和保密性能。

④越区切换功能，保证移动台跨区时能继续通信。

⑤系统容量大，通话质量好。

⑥组网灵活、方便。

5.1.2 GSM 网络结构

GSM 系统可分为移动台（Mobile Station，MS）、交换子系统（Network and Switching Subsystem，NSS）、基站子系统（Base Station Subsystem，BSS）和操作支持子系统（Operational Support Subsystem，OSS）四大子系统，如图 5-1 所示。

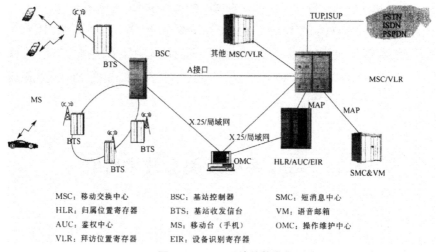

MSC：移动交换中心	BSC：基站控制器	SMC：短消息中心
HLR：归属位置寄存器	BTS：基站收发信台	VM：语音邮箱
AUC：鉴权中心	MS：移动台（手机）	OMC：操作维护中心
VLR：拜访位置寄存器	EIR：设备识别寄存器	

图 5-1 GSM 系统结构图

5.1.3 GSM 系统的关键技术

1. GSM 系统的无线传输技术

GSM 系统采用 RPE-LTP 的语音编码（图 5-2），不仅抗干扰性强，而且加密起来更加容易，节省带宽，易于存储。

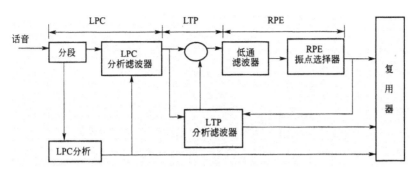

图 5-2　LPC-LTP-RPE 编码结构图

　　在 GSM 系统中,采用交织技术对抗突发干扰,为了提高系统的抗干扰性能,还采用了跳频技术。

　　GSM 系统采用高斯最小频移键控(Gaussian Filtered Minimum Shift Keying,GMSK)的调制方式(图 5-3),其归一化带宽 $B_b T_b = 0.3$,调制速率约为 270.833kbps。

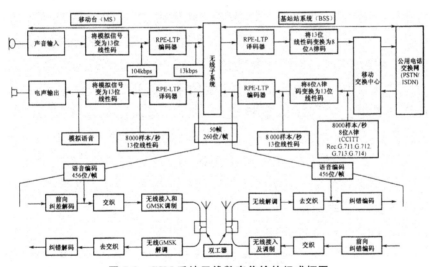

图 5-3　GSM 系统无线数字传输的组成框图

　　GSM 系统采用了空间分集技术、自适应均衡技术和跳频技术,以抵抗信号在无线传输中的衰落。

2. GSM 安全机制

(1)GSM 的认证处理

消息和用户的认证是通信安全的一个基本方面。图 5-4 列出了 GSM 中实现认证处理的过程。

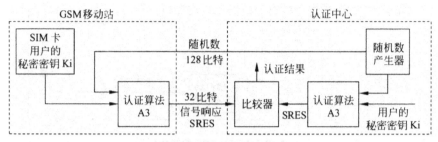

图 5-4　GSM 的认证处理

认证中心（AuC）通过使用存储在 SIM 卡和 AuC 的 A3 算法，检验用户 SIM 卡的有效性。A3 算法需要使用两个输入：一个是认证密钥，它是利用用户的秘密密钥（Ki）替代的；另一个是实时产生的随机数（RND）。按照 A3 算法设计要求，这两个输入的长度同为 128 比特。随机数借助于网络通过 Um 接口发射给移动用户。这个随机数由 MS 接收，验证通过后传递到它自己的 SIM 卡。然后，A3 算法用 SIM 卡上存储的用户秘密密钥（Ki）加密随机数（RND），产生一个输出，即 32 比特的 SRES。SRES 被转发回认证中心 AuC，AuC 将接收到的 SRES 和由认证中心 AuC 计算得到的期望结果相比对，如果一致，则认证了该 MS 是一个合法的用户。任何非法用户既不拥有正确的 Ki，也没有正确的 A3 算法，因此不能够计算出正确的 SRES 响应。随机数的实时产生确保了在每一次注册时 SRES 值是不同的。这是挑战/响应系统的一个典型例子。

（2）GSM 的加密处理

GSM 使用 A5 加密算法对空中接口 Um 数据进行加密，如图 5-5所示。在 GSM 移动硬件和基地无线收发机站（BTS）上各有一个 A5 算法（并且是一个流密码），它们使用 3 条线性移位寄存器（图 5-6）来得到有效长度为 64 比特的密钥。

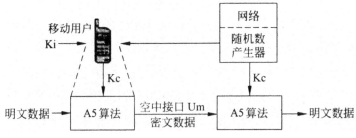

图 5-5　GSM 的加密处理

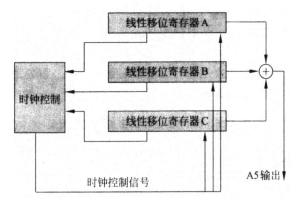

图 5-6　A5 密钥流产生器

如图 5-6 所示,在 A5 算法中,长度为 64 比特的会话密钥(Kc)拆成 3 段,依照一定顺序分别装载到 3 个寄存器,作为 3 条线性移位寄存器的起始态,并由时钟控制其输出。对于每一个会话密钥(Kc)时钟控制器提供 228 个脉冲,产生 228 比特的输出,构成一个密钥流,分别用于上行链路(114 比特)和下行链路(114 比特)加密。

(3)GSM 认证和加密处理的完整原理图

GSM 的认证处理已在前面作了详细介绍,下面只对 GSM 的语音加密过程作扼要解释。

图 5-7 为 GSM 认证和加密处理的完整原理图。由图 5-7 可见,当 SRES 信号生成和用户认证完成后,访问地址寄存器(VLR)立即指令移动服务交换中心(MSC)控制基站控制器(BSC),随后控制基地无线收发机站(BTS)进入密码模式。会话密钥(Kc)是从本地地址寄存器(HLR)中 Ki 和 A8 算法得到后,

通过基站控制器(BSC)发送到基地无线收发机站(BTS),BTS 指令移动站(MS)开启密码模式。移动站(MS)将 SIM 卡中的用户密钥 Ki 和认证使用的随机数一同输入 A8 算法中。计算后,A8 算法输出一个长度为 64 比特的会话密钥(Kc),然后,会话密钥被加到移动站的 A5 算法中,由 A5 算法产生密钥流,在发射模式密钥流用于加密数字语音信号,在接收模式它用于解密接收到的语音信号。与此同时,BTS 也已经转入密码模式,并且以类似的方法使用会话密钥(Kc)加密同一信道的语音信号。因此在 Um 接口中会话是加密的,移动站(MS)和基地无线收发机站(BTS)之间的信道是安全的。

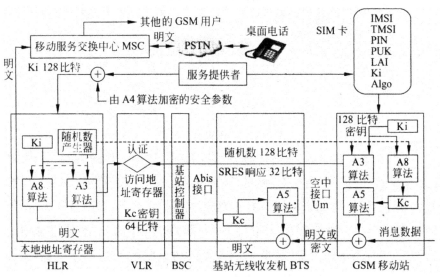

图 5-7　GSM 认证和加密的完整原理图

5.2　WCDMA 系统及关键技术研究

5.2.1　WCDMA 系统结构

宽带码分多址(Wideband Code Division Multiple Access,

WCDMA)是基于 GSM 网发展出来的 3G 技术规范,并以日本的 WCDMA 技术和欧洲的宽带 CDMA 使用的最初通用移动通信系统(Universal Mobile Telecommunications System,UMTS)平台为基础。UMTS 是采用 WCDMA 空中接口技术的 3G 移动通信系统。UMTS 由通用陆地无线接入网络(Universal Terrestrial Radio Access Network,UTRAN)、核心网络(Core Network,CN)、用户设备(User Equipment,UE)、操作维护中心(Operations Maintenance Centre,OMC)和外部网络(External Networks,EN)五大部分构成,如图 5-8 所示。

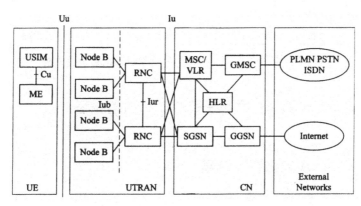

图 5-8　WCDMA 系统结构

5.2.2　WCDMA 的信道结构

WCDMA 系统中承载用户业务的信道被分为逻辑信道、传输信道和物理信道三类,三者之间的映射关系如图 5-9 所示。

WCDMA 在定义逻辑信道时基本上遵从 ITU-R M.1035 建议,WCDMA 系统的逻辑信道主要分为两类,即公共控制信道和专用信道。

WCDMA 的物理信道包括超帧、帧和时隙 3 层结构。物理信道可分为上行物理信道(UE 至 Node B)和下行物理信道(Node B 至 UE)。按照物理信道是由多个用户共享还是一个用户使用分为公共物理信道和专用物理信道。

传输信道分专用传输信道和公共传输信道。

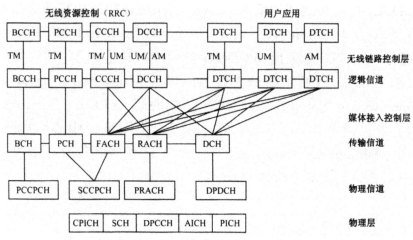

图5-9 逻辑信道、传输信道和物理信道之间的映射关系

5.2.3 WCDMA接入控制的基本通信流程

1. PRACH随机接入流程

物理随机接入信道（Physical Random Access Channel，PRACH)装载随机接入信息的具体过程如下：

①UE在主公共控制物理信道(PCCPCH)解码BCH信息，寻找扰码和可用的随机接入信道（Random Access Channel，RACH)接入时隙。每两个无线帧20ms有15个接入时隙，间隔为5120chip。

②UE选择使用一个RACH时隙。

③UE根据接收的下行功率电平设置初始功率电平，向网络发送前导信息。前导由一系列签名组成，每个PCCPCH前导包含4096chip，代表长为16chip签名的256次重复，共有16个可选择的签名。

④UE对捕获指示信道(AICH)解码，检查网络是否通知了收到发送的前导信息。如果没有，UE则用更高的比特传输功率

再发送一欢。

⑤当 AICH 显示网络已通知收到前导信息时，UE 在 PRACH 发送 RACH 消息，RACH 消息长度是 1 个或者 2 个 WCDMA 帧，需要 10ms 或 20ms 的时间。RACH 消息部分每时隙包括数据和控制部分，并行传输。数据部分的扩频因子值为 256、128、64 和 32，对应数据速率为 10bit/s、20bit/s、40bit/s 和 80bit/s。控制信息部分每时隙包括 8 个已知导频符号和 2bit 的 TFCI，扩频因子值为 256。

如果在上行方向需要传输分组数据，但 RACH 分组交换的容量不够，UE 就启用公共分组信道（CPCH），使用对应的上行公共分组物理信道（PCPCH）。PCPCH 的接入时隙与 RACH 相同，接入过程和 PRACH 类似。PCPCH 的帧结构为几个 4096 chip 的接入前导、1 个 4096 chip 的冲突检测前导、1 个 8 时隙的 CPCH 功率控制前导和 1 个可变长度的消息。

AICH 属于下行公共指示信道，不承载传输信道，由基站物理层直接控制。AICH 给 UE 提供上行接入信息已被系统获知的捕获指示，AICH 无线帧长 20ms，15 个接入时隙，每接入时隙由 4096chip 的捕获指示和 1024chip 的空闲部分组成，扩频因子为 256。

2. 小区搜索基本流程

使用同步信道进行小区搜索的基本流程分为以下几个步骤：时隙同步、帧同步和主扰码组鉴别、扰码组鉴别，如图 5-10 所示。

3. UE 注册与位置更新的基本流程

UE 接入进程即随机接入进程主要包括随机接入信道（PRACH）进程和分组接入信道（CPCH）进程。

PRACH 接入进程相对比较简单，CPCH 接入进程经历了多次修改后，仍没有归入 R99 必须支持的功能。UE 注册/位置更新的基本流程如图 5-11 所示。

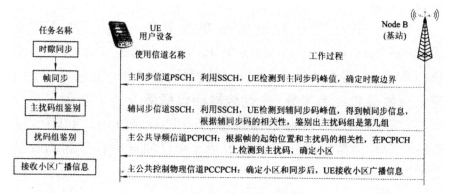

图 5-10   小区搜索的基本流程

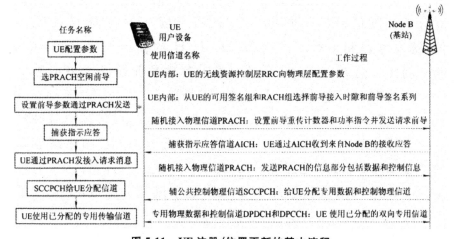

图 5-11   UE 注册/位置更新的基本流程

4. UE 主叫和被叫的基本流程

UE 主、被叫的基本流程分别如图 5-12、图 5-13 所示。

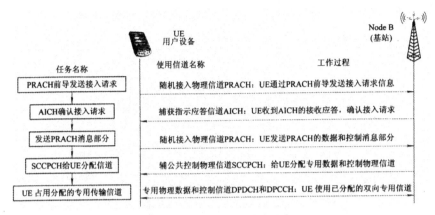

图 5-12　UE 主叫的基本流程

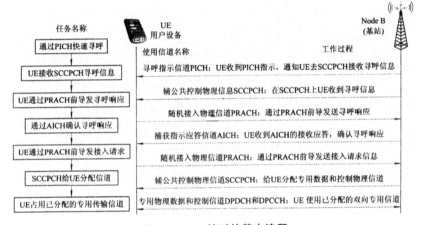

图 5-13　UE 被叫的基本流程

5.3　CDMA 2000 系统及关键技术研究

5.3.1　CDMA 2000 系统的网络结构

CDMA 2000 的网络结构如图 5-14 所示。其中，PDE 为定位实体，MPC 为移动定位中心，SCP 为业务控制节点，SSP 为业务交换节点，AAA 为认证、授权和计费，HA 为本地代理，FA 为外地代理,PCF 为分组控制功能,IVVF 为互通功能。

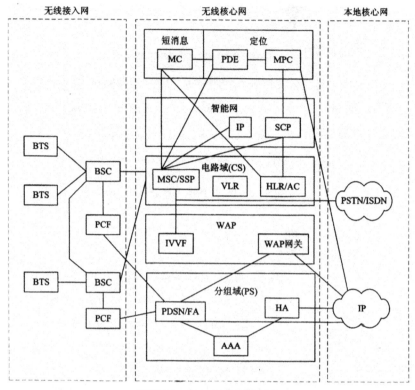

图 5-14 CDMA 的网络结构

5.3.2 无线接口协议

CDMA2000 1x EV-DO 由于是针对数据业务,因此空中接口协议有所不同,其结构如图 5-15 所示。它由 7 个协议层组成,从下到上依次为物理层、MAC 层、安全层、连接层、会话层、流层和应用层。各协议层按功能划分,而非按承载划分,各层之间没有严格的上下层承载关系;在时间上,各层协议可以同时存在,不存在严格的先后关系;在数据封装上,业务数据自上而下进行封装,可以跨越部分协议层。

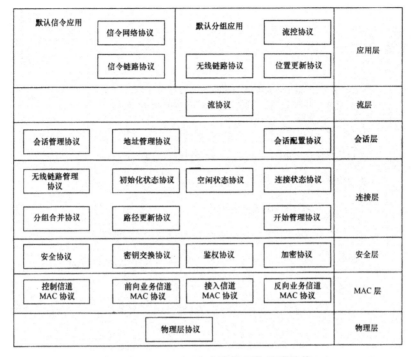

图 5-15　1x EV-DO 空中接口协议栈结构

5.3.3　CDMA 2000 1x 物理层信道接续流程

1. CDMA 2000 1x 系统语音,低速数据业务的空中信道接续流程

CDMA 2000 1x 系统语音/低速数据业务的空中信道(物理信道)接续流程与 CDMA One 系统语音/低速数据业务的空中信道接续流程基本相同。这里所说的低速数据速率是指基本信道(FCH)所能承载的最大速率,对于 CDMA 2000 1x 系统是 19.2kb/s,如图 5-16 所示。

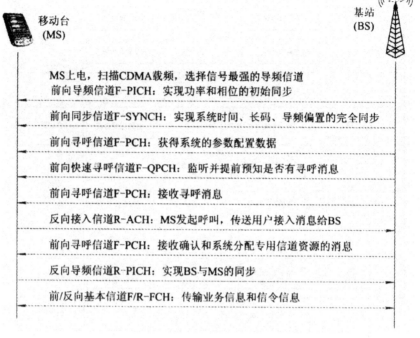

图 5-16　CDMA 2000 1x 系统语音/低速数据业务的空中信道接续流程

2. CDMA 2000 1x 系统高速数据业务的空中信道接续流程

当接入的 MS 支持 CDMA 2000 1x,并且希望得到的服务是高速数据业务时,空中物理信道接续流程如图 5-17 所示。

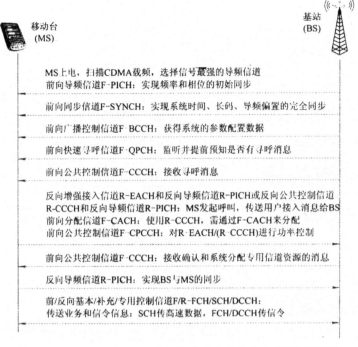

图 5-17　CDMA 2000 1x 系统高速数据业务的空中信道接续流程

5.3.4　CDMA 2000 业务数据流程

CDMA 2000 1x EV-DO 是高速分组数据传输系统。在 CD-MA 2000 1x EV-DO 的数据业务流程中,无线数据用户存在如下所述 3 种状态。

①激活态(Active)。AT 和 AN 之间存在空中业务信道,两边可以发送数据,A8、A10 连接保持。

②休眠状态(Dormant)。AT 和 AN 站之间不存在空中业务信道,AT 与 PDSN 之间存在 PPP 链接,A8 连接释放,A10 连接保持。

③空闲状态(NULL)。AT 和 AN 之间不存在空中业务信道,AT 与 PDSN 之间也不存在 PPP 链接,A8、A10 连接释放。

在数据业务进行过程中,AT 可在各种状态之间切换。

在鉴权成功的情况下,AT 发起的数据业务始呼流程如

图 5-18所示。

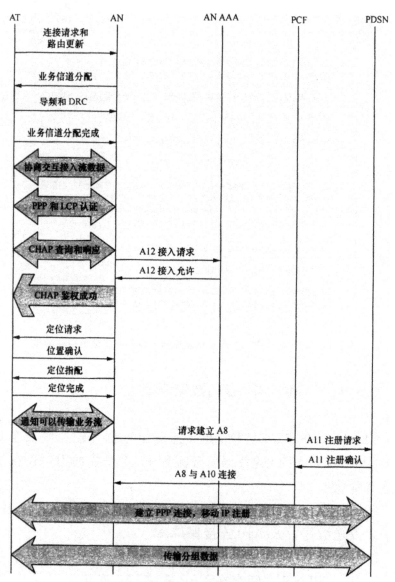

图 5-18 AT 发起的数据业务始呼流程

5.4　TD-SCDMA 系统及关键技术研究

5.4.1　TD-SCDMA 网络结构

时分同步码分多址（Time Division-Synchronous Code Division Multiple Access，TD-SCDMA）的网络结构如图 5-19 所示，TD-SCDMA 与 WCDMA 的网络结构基本相同，在核心网方面、核心网与无线接入网的接口方面，以及空中接口的高层协议上，二者完全相同，这些共同点保证了两系统之间的无缝漫游、切换、业务支持、后续发展的一致性。空中接口物理层技术的差别，是 TD-SCDMA 与 WCDMA 的主要差别之所在。

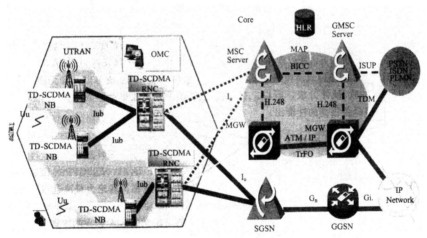

图 5-19　TD-SCDMA 的网络结构

5.4.2　TD-SCDMA 空中接口物理层

1. TD-SCDMA 空中接口采用的多址方式

TD-SCDMA 空中接口采用了四种多址技术:时分多址(Time Division Multiple Access,TDMA)、码分多址(CodeDivisionMultipleAccess,CDMA)、频分多址(Frequency Division Multiple Access,FDMA)、空分多址(Space Division Multiple Access,SDMA)。综合利用四种技术资源分配时在不同角度上的自由度,得到可以动态调整的最优资源分配,如图 5-20 所示。

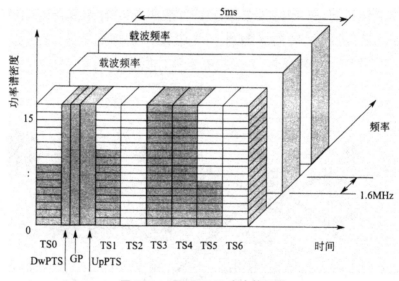

图 5-20　TD-SCDMA 空中接口图

2. TD-SCDMA 空中接口帧结构

TD-SCDMA 系统帧结构的设计考虑到对智能天线、上行同步等新技术的支持,一个 TDMA 帧长为 10ms,分成两个 5ms 子帧,这两个子帧的结构完全相同。每一子帧分成 7 个常规时隙(时长 675μs)和 3 个特殊时隙(时长远小于 675μs,不用于传递用户信息,有特殊用途),这三个特殊时隙分别为 DwPTS(下行导频

时隙）、GP（保护时隙）和 UpPTS（上行导频时隙），如图 5-21
所示。

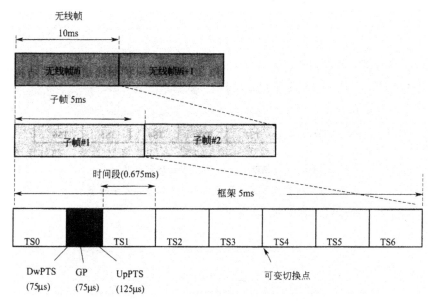

图 5-21　TD-SCDMA 空中接口帧结构

5.4.3　TD-SCDMA 系统支持的信道编码方式

TD-SCDMA 支持两种信道编码方式：
①卷积编码。约束长度为 9，编码速率为 1/3、1/2。
②Turbo 编码。其详细参数如表 5-1 所示。
卷积编码器的配置如图 5-22 所示。

表 5-1　纠错编码参数

传输信道类型	编码方式	编码率
BCH	卷积编码	1/3
PCH		1/3、1/2
RACH		1/2
DCH、DSCH、FACH、USCH		1/3、1/2
	Turbo 编码	1/3

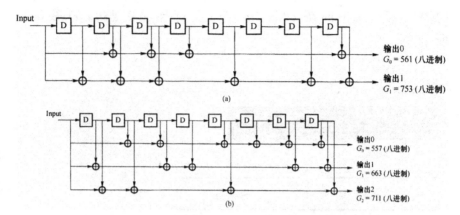

图 5-22　编码率为 1/2 和 1/3 的卷积编码器

(a)1/2 码率卷积码编码器；(b)1/3 码率卷积码编码器

Turbo 编码器结构如图 5-23 所示。

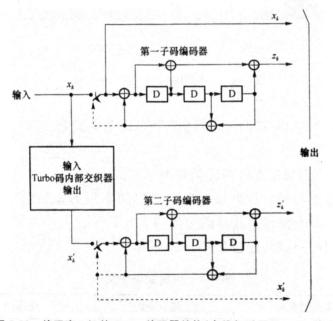

图 5-23　编码率 1/3 的 Turbo 编码器结构(虚线仅适用于 trellis 终止)

5.4.4　TD-SCDMA 关键技术

1. 时分双工

移动通信系统的双工方式有两种：频分双工（Frequency Division Duplex，FDD）、时分双工（Time Division Duplexing，TDD）。FDD 系统收发信各占用一个频率（段）；TDD 系统收发信用同一频率，收发使用不同时隙，如图 5-24 所示。

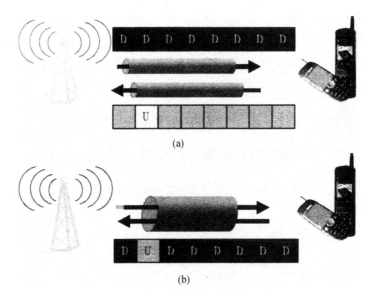

图 5-24　双工方式

（a）频分双工（FDD）；（b）时分双工（TDD）

TD-SCDMA 是 TDD 系统，其特点包括 TDD 无须使用对称频段，便于灵活使用频率资源；TDD 高效支持非对称上下行数据传输，有效提高频谱利用率；TDD 基站终端无须双工器，简化系统设计，降低成本；TDD 上下行无线传播环境一致，便于使用智能天线、功率控制等技术，有效降低系统干扰，提高系统性能。

2. 联合检测

联合检测是一种优秀的多用户检测技术，被用于 TD-SCD-

MA 系统中。联合检测是消除和控制 CDMA 系统内干扰的一种有效方法。TD-SCDMA 系统利用短码扩频的特点,使得接收数据流可以较为容易地被一次检出,从而消除符号间干扰和多址干扰。

所有用户共享同一频率的信道,每个 CDMA 用户和其他用户相互干扰,多址干扰(Multi Address Interference,MAI)因此产生;移动条件下无线信号还存在多径信号的干扰,会在用户数据中存在符号间干扰(Inter Symbol Interference,ISI);联合检测单元根据匹配滤波器的正交扩频码和信道冲激响应,通过算法,可消除 MAI 和 ISI。

TD-SCDMA 利用一种最优化联合检测接收机,采用联合检测技术进行扩频后,所有的 CDMA 信号并行提取,结果是"干净"信号(高信噪比),降低远近效应的影响。

在相同 $\dfrac{E_b}{N_0}$ 情况下,联合检测能大幅度降低解调信号的误码率。是否采用联合检测的性能比较如图 5-25 所示。

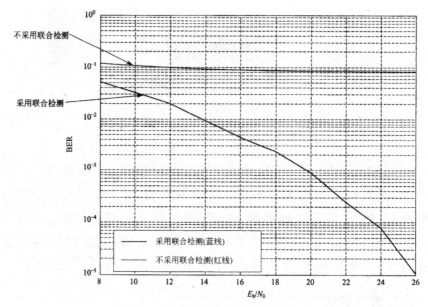

图 5-25　是否采用联合检测的性能比较

联合检测的特点:不同的用户数据可以一次性检测出来;通

过基本中间序列进行信道冲击响应估计,从而得知发射信号的信息;将多址干扰和符号间干扰进行同样的处理,基本可以消除这两种干扰。

联合检测的优势:基本消除多址接入干扰和符号间干扰;增加信号动态检测范围;增加小区的容量;消除远近效应,无须快速功控。

3. 智能天线

TD-SCDMA 是 TDD 系统,由于 TDD 上下行无线传播环境比较一致,便于使用智能天线,通过对来自移动台发射的多径电波方向进行到达角度的估计。

全向智能天线一般为圆阵,由 8 根天线阵子组成;每个天线阵子都是全向天线;每个相邻阵子间的距离为 1/2 波长,如图 5-26 所示。

扇区智能天线一般为线阵,由 8、6、4 等根天线阵子组成;每个天线阵子都是定向天线;每个相邻阵子间的距离为 1/2 波长,如图 5-27 所示。

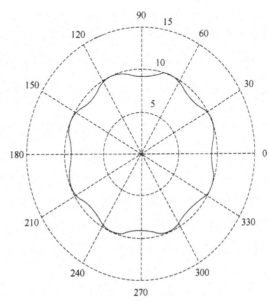

图 5-26　全向智能天线

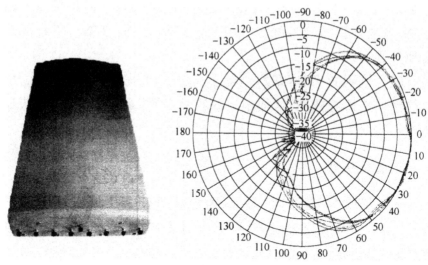

图 5-27　扇区智能天线

　　智能天线是移动通信系统中非常优秀的技术,在合理的成本内,它为系统带来了大量的好处。随着硬件水平的不断发展,巨大的运算量已经不再是智能天线广泛应用的瓶颈。智能天线在上下行链路上更为先进的算法也在继续研究中。

4. 功率控制

　　在 TD-SCDMA 系统中,支持实时的上行和下行功率控制。功率控制的步长为 1dB、2dB 或 3dB。

5. 上行同步

　　TD-SCDMA 的上行同步就是通过同步调整,使得小区内同一时隙内的各个用户发出的上行信号在同一时刻到达基站,如图 5-28 所示。TD-SCDMA 是一个同步系统,系统内的基站与基站、基站与移动台之间都是同步的,同步精度可达 1/8 码片(约 97.66ns)。上行同步优势:显著降低小区内各个用户之间的干扰;增加了小区覆盖范围,提高系统容量;优化了链路预算。

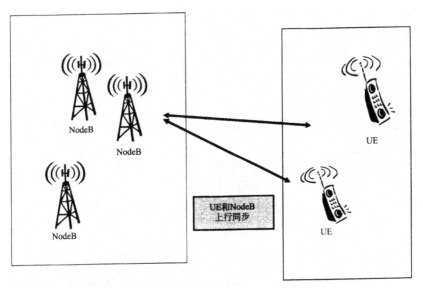

图 5-28　上行同步

6. 接力切换

接力切换充分利用了 TDD 的特性和上行同步技术,其原理是:在切换测量期间,因为智能天线的使用,可以确定用户的目标小区,减少切换测量时间;又因为上行预同步的技术的使用,提前获取切换后的上行信道发送时间、功率信息,从而达到减少切换时间,提高切换成功率、降低切换掉话率的目的。这个过程就像是田径比赛中的接力赛一样,因而形象地称之为"接力切换",如图 5-29 所示。

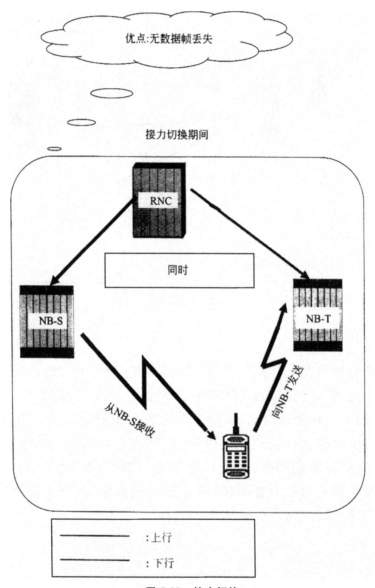

图 5-29　接力切换

接力切换的成功率介于软切换与硬切换之间,其资源消耗等同于硬切换。因此在切换区规划时,对切换比例不像传统 CDMA 系统那么敏感,以满足切换性能为主。

接力切换的优势主要体现在以下方面:

①接近于软切换的成功率,低资源消耗率(等同于硬切换)。

②缩短切换周期,改善切换成功率,减少切换引起的掉话率。

③切换期间无数据帧丢失,可改善切换期间的话音质量(这不同于传统的硬切换)。

5.5　WiMAX 系统及关键技术研究

5.5.1　WiMAX 概述

WiMAX(World Interoperability for Microwave Access)全称为全球微波接入互操作性,是基于 IEEE 802.16 标准的无线城域网技术.

WiMAX 是一种无线城域网(MAN)接入技术,其信号传输半径可以达到 50 千米,基本上能覆盖到城郊。正是由于这种远距离传输特性,WiMAX 不仅能解决无线接入问题,还能作为有线网络接入(Cable、DSL)的无线扩展,方便地实现边远地区的网络连接。

企业或政府机构可以在城市中架设 WiMAX 基站,所有在基站覆盖范围内的移动设备均可通过基站接入 Internet。由于 WiMAX 只能提供数据业务,因此话音业务的提供需要借助 VoIP 技术来实现。WiMAX 网络建设与 3G 网络一样,均需要架设大型基站。但由于它只需要实现城域覆盖,因此网络建设成本相对 3G 网络比较低。

WiMAX 技术的突出特点有以下几项。

①实现更远的传输距离。WiMAX 所能实现的 50 千米的无线信号传输距离是无线局域网所不能比拟的,网络覆盖面积是 3G 发射塔的 10 倍,只要少数基站建设就能实现全城覆盖,这样就使得无线网络应用的范围大大扩展。

②提供更高速的宽带接入。据悉,WiMAX 所能提供的最高

接入速度是70M,这个速度是3G所能提供的宽带速度的30倍。对无线网络来说,这的确是一个惊人的进步。

③提供优良的最后1千米网络接入服务。作为一种无线城域网技术,它可以将Wi-Fi热点连接到互联网,也可作为DSL等有线接入方式的无线扩展,实现最后一公里的宽带接入。WiMAX可为50千米线性区域内提供服务,用户无须线缆即可与基站建立宽带连接。

④提供多媒体通信服务。由于WiMAX较之Wi-Fi具有更好的可扩展性和安全性,从而能够实现电信级的多媒体通信服务。

目前IEEE 802.16主要涉及两个标准:固定宽带无线接入标准802.16-2004(802.16d)和支持移动特性的宽带无线接如标准802.16-2005(802.16)。

IEEE 802.16无线通信标准的典型应用如图5-30所示。

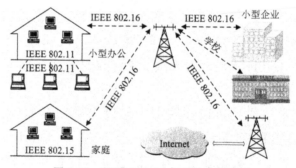

图 5-30 IEEE 802.16 标准的典型应用

5.5.2 WiMAX 协议模型

IEEE 802.16标准协议模型(图5-31)定义了介质访问控制(MAC)和物理层(PHY)协议结构。

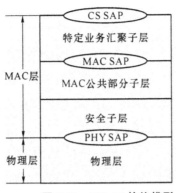

图 5-31　802.16 协议模型

1. MAC 层

WiMAX 中的通信是面向连接的。来自 WiMAX MAC 上层协议的所有服务（包括无连接服务）被映射到 WiMAX MAC 层 SS 与 BS 间的连接。为向用户提供多种服务，SS 可以与 BS 之间建立多个连接，并通过 16bit 连接标识（CIDs）识别。

MAC 层又分为特定服务汇聚子层（CS）、MAC 公共子层（CPS）和安全子层（SS）三个子层。

（1）特定业务汇聚子层

该子层提供以下两者之间的转换和映射服务：从 CS SAP（汇聚子层业务接入点）收到的上层数据；从 MAC SAP（MAC 业务接入点）收到的 MAC SDU（MAC 层用户数据单元）。

（2）MAC 公共部分子层

该子层提供 MAC 层核心功能，包括系统接入、带宽分配、连接建立、连接维护等。

（3）安全子层

安全子层主要实现认证、密钥交换和加解密处理等功能，直接与 PHY 交换 MAC 协议数据单元（MPDU）。安全子层内容较多，包括了密钥管理（PKM）协议、动态安全关联（SA）产生和映射、密钥的使用、加密算法、数字证书等。

2. 物理层

物理层由传输汇聚子层(TCL)和物理媒体相关(PMD)子层组成,通常说的物理层主要是指 PMD。IEEE 802.16 物理层定义单载波(SC)、SCa、OFDM、OFDMA 四种承载体制,以及 TDD 和 FDD 两种双工方式。上行信道采用 TDMA 和 DAMA 体制,单个信道被分成多个时隙,SS 竞争申请信道资源,由 BS 的 MAC 层来控制用户时隙分配;下行信道采用 TDMA 体制,多个用户数据被复用到一个信道上,用户通过 CID 来识别和接收自己的数据。

5.5.3 安全子层

IEEE 802.16 安全子层的协议架构如图 5-32 所示,主要由加密封装协议和密钥管理协议两类协议组成。加密封装协议主要为各类协议数据单元提供加解密服务,而密码管理协议则主要为 SS 提供密钥分发服务。

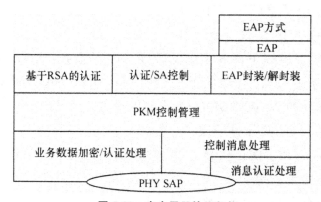

图 5-32 安全子层协议架构

安全子层协议各模块功能如下。

①PKM 控制管理。控制所有安全组件,各种密钥在此层生成。

②业务数据加密/认证处理。对业务数据进行加解密,执行业务数据认证功能。

③控制消息处理。处理各种 PKM 相关 MAC 消息。

④消息认证处理。执行消息认证功能，支持 HMAC、CMAC，或者 short-HMAC。

⑤基于 RSA 的认证。当 SS 和 BS 之间认证策略选择 RSA 认证时，利用 SS 和 BS 的 X.509 数字证书执行认证功能。

⑥EAP 加密封装/解封装。提供与 EAP 层的接口，在 SS 和 BS 认证策略选择基于 EAP 的认证时使用。

⑦认证 SA 控制。控制认证状态机和业务加密密钥状态机。

1. 数据加密协议

该协议规定了如何对在固定宽带无线接入网络中传输的数据进行封装加密。各级密钥的关系如图 5-33 所示。

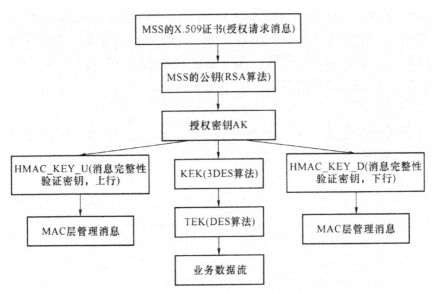

图 5-33　加密算法和各级密钥之间的关系

数据加密协议主要为宽带无线网络上传输的分组数据提供机密性、完整性等保护。

数据加密协议定义了加解密算法、认证算法，以及密码算法应用规则等一系列密码套件。IEEE 802.16-2004 仅支持 DES-CBC 加密算法（此算法已是不安全的），IEEE 802.16e 和 IEEE

802.16-2009 同时支持 DES-CBC，以及 AES-CBC、AES-CTR、AES-CCM 三种 AES 数据加密模式，而 IEEE 802.16m 标准仅支持 AES 数据加密模式。

2. 密钥管理协议

PKM 采用公钥密码技术提供从基站（Base Station，BS）到用户终端（Mobile Subscriber Station，MSS）的密钥数据的安全分配和更新，是加密层的核心内容。

目前有三个版本密钥管理协议：PKMv1、PKMv2、PKMv3。

（1）PKMv1

PKMv1 是 IEEE 802.16-2004 及其早前版本采用的认证与密钥管理协议，采用 X.509 公钥证书和 RSA 算法实现了 BS 对 SS 的身份认证，进而分配授权密钥（AK）和业务加密密钥（TEK）。由于实现了 BS 对 SS 的认证，因此一定程度上阻止了非法用户接入 WiMAX 网络。但是由于仅实现了 BS 对 SS 的认证，存在伪装 BS 攻击等风险。

1）认证

PKMv1 主要实现 BS 对 SS 的单向认证。具体认证过程如图 5-34 所示。

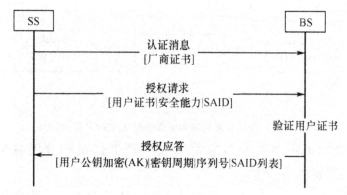

图 5-34 认证过程

在认证过程中，BS 将 SS 授权身份与付费用户，以及用户授权接入的数据服务进行关联。在 AK 协商过程中，BS 需要验证

SS 的授权身份,以及 SS 可接入的数据服务,进而能够阻止非法用户接入 WiMAX 网络,或获取相关服务。PKMv1 利用 X.509 数字证书和 RSA 公钥加密算法进行授权认证。

2)密钥协商

WiMAX 通信安全保护涉及 5 种密钥:AK、密钥加密密钥(KEK)、下行基于 Hash 函数的消息认证码(HMAC)密钥、上行 HMAC 密钥和业务加密密钥(TEK)。AK 在认证过程中由 BS 激活,作为 SS 和 BS 间共享的密钥,用于确保 PKMv1 后续密钥协商过程的安全。具体密钥派生关系如图 5-35 所示。

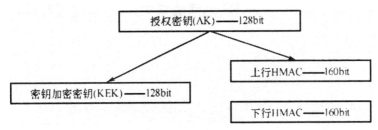

图 5-35   密钥生成过程

3)数据加密

一旦认证和初始密钥交换完成,BS 与 SS 间的数据传输便可启动,采用 TEK 对各种业务数据进行加密。如图 5-36 所示为具体加密过程,采用 DES-CBC 密码算法对 MPDU 有效载荷域数据进行加密,为了支持不同的服务,帧头 GMH 和 CRC 字段都不加密。

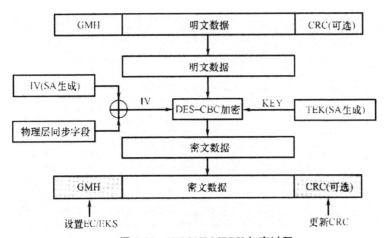

图 5-36   WiMAX MPDU 加密过程

（2）PKMv2

PKMv2 协议首先支持 SS/MS 和 BS 之间的双向认证，同时引入了基于 EAP 的认证方法，该方法具备灵活的可扩展性，支持 EAP-AKA 和 EAP-TLS 等多种认证。此外，PKMv2 协议还增加了抗重放攻击措施，以及对组播密钥的管理。尽管弥补了 PK-Mv1 的一些安全漏洞，但 PKMv2 协议依然存在管理消息缺乏保护、DoS/DDoS 攻击和不安全的组播密钥管理等三类主要安全缺陷。

1）双向认证

为了能够实现 SS 与 BS 之间的双向认证，认证过程遵循以下步骤。

①BS 验证 SS 身份。

②SS 验证 BS 身份。

③BS 向已认证 SS 提供 AK，然后由 AK 来生成一个 KEK 和消息认证密钥。

④BS 向已认证 SS 提供 SA 的身份（如 SAIDs）和特性，从中 SS 能够获取后续传输连接所需的加密密钥信息。

SS 与 BS 之间的认证流程如图 5-37 所示。

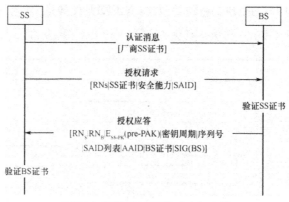

图 5-37 SS 与 BS 相互认证过程

2）授权密钥生成

所有 PKMv2 密钥派生都是基于 Dot16KDF 算法。PKMv2 支持两种双向认证授权方案：基于 RSA 授权过程和基于 EAP 认

证过程。在基于 RSA 授权过程中，AK 将由 BS 和 SS 基于 PAK
生成，在 EAP 授权过程中，AK 将由 BS 和 SS 基于 PMK 生成。

如图 5-38 所示为基于 RSA 授权中的 AK 生成过程。一旦双
向认证完成，BS 将利用 SS 的公钥加密预基本授权密钥（pre-
PAK），并发送至 SS。Pre-PAK 与 SS 的 MAC 地址、BS 标识
（BSID）一起生成一个 160bit PAK，进而由 PAK 生成 AK。

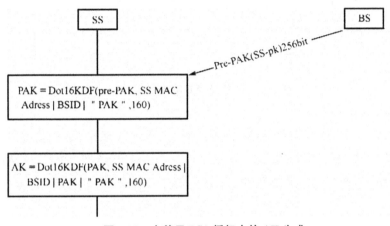

图 5-38　在基于 RSA 授权中的 AK 生成

图 5-39 为 EAP 授权中的 AK 生成流程。在 EAP 认证模式
下，由 pre-PAK 生成一个 160bit 长 EAP 完整性保护密钥，用于
保护第一组 EAP 交换消息。EAP 交换产生一个 512bit 主会话
密钥（Master Session Key，MSK），该密钥对于认证授权审计
（AAA）服务器、认证者（BS）和 SS 都是已知的。BS 和 SS 通过将
MSK 截取至 160bit 来导出成对主密钥。

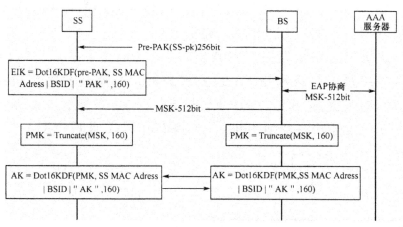

图 5-39　在 EAP 授权中 AK 的生成

3) 数据加密

PKMv2 数据加密封装主要是对管理信息和汇聚子层数据的 MAC PDU 数据的 GMH（通用 MAC 层）进行封装加密。GMH 具体协议帧结构格式如图 5-40 所示，具体字段定义如表 5-2 所示。

MSB

HT=0(1)	EC(1)	Type(6)	Rsv(1)	CI(1)	EKS(2)	Rsv(1)	LEN MSB(3)
LEN LSB(8)				CID MSB(8)			
CID LSB(8)				HCS(8)			

LSB

图 5-40　GMH 格式

表 5-2　GMH 字段定义

名称	长度/bit	描述
CI	1	CRC 标识,1 表示有 CRC,0 表示没有 CRC
CID	16	连接标识
EC	1	加密控制,0 表示载荷未加密,1 表示载荷已加密
EKS	2	加密密钥序列,加密所使用 TEK 和初始向量标识,只有在 EC 为 1 时有效
HCS	8	帧头校验序列,用于检测帧头错误

名称	长度/bit	描述
HT	1	帧头类型,设为 0
LEN	11	长度,MAC PDU 长度(字节),包括 MAC 帧头和 CRC
Type	6	用于标识子帧头和特殊载荷类型

(3)PKMv3

PKMv3 协议的主要目的是满足 IMT-Advanced 以及实际应用环境的安全需求。PKMv3 不仅克服了 PKMv1 和 PKMv2 协议存在的缺陷,对管理消息采取了选择性机密保护策略,还删除了基于 RSA 认证的方式,只支持基于 EAP 认证的方式,增加了安全性和灵活性。

IEEE 802.16m 使用 PKMv3 协议实现以下功能:认证与授权消息透明交换;密钥协商;安全材料交换。PKMv3 协议提供 AMS 与 ABS 之间的双向认证,并且通过认证建立双方之间的共享密钥,利用共享密钥实现其他密钥的交换与派生。这种机制可以在不增加运算操作的基础上,实现业务密钥的频繁更换。

第6章　第四代移动通信技术

4G 为宽带移动通信打开了一扇门，在给人们带来生活与工作便利的同时，也深刻地改变着整个社会运行的模式和效率。4G 的普及应用，进一步刺激了用户对移动数据的消费，同时也刺激了人们对未来数字化生活的渴望与追求。

6.1　概述

第四代移动通信技术的概念可称为宽带接入和分布网络，具有非对称的超过 2Mbit/s 的数据传输能力。它包括宽带无线固定接入、宽带无线局域网、移动宽带系统和交互式广播网络。第四代移动通信标准比第三代标准拥有更多的功能。第四代移动通信可以在不同的固定、无线平台和跨越不同的频带的网络中提供无线服务，可以在任何地方用宽带接入互联网（包括卫星通信和平流层通信），能够提供定位定时、数据采集和远程控制等综合功能。此外，第四代移动通信系统是集成多功能的宽带移动通信系统，是宽带接入 IP 系统。4G 能够以 100Mbit/s 以上的速率下载，能够满足几乎所有用户对无线服务的要求。通信制式的演进趋势如图 6-1 所示。

LTE 的演进可分为 LTE、LTE-A、LTE-A Pro 三个阶段，分别对应 3GPP 标准的 R8～R14 版本，如图 6-2 所示。目前的移动通信网络正处于 LTE 阶段，即运营商的主推业务 4G，但实际上并未被 3GPP 认可为国际电信联盟所描述的下一代无线通信标准 IMT-Advanced,因此在严格意义上其还未达到 4G 的标准,准确来说应该称为 3.9G,只有升级版的 LTE-A 才满足国际电信联盟对 4G 的要求,是真正的 4G 阶段,也是后 4G 网络演进阶段。

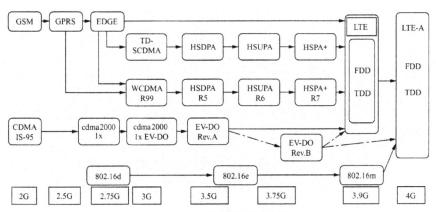

图 6-1 通信制式演进趋势

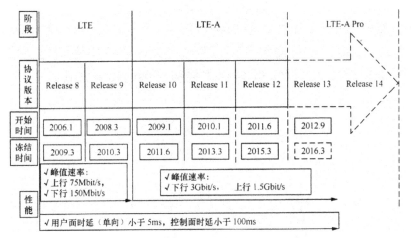

图 6-2 LTE 的版本演进

6.2 LTE 系统

6.2.1 LTE 系统网络架构

LTE 系统架构如图 6-3 所示。与已有的 3GPP 类似,LTE 系统架构仍然分为两部分,即演进后的核心网(Evolved Packet Core,EPC)和演进后的接入网(Evolved Universal Terrestrial Radio Access Network,E-UTRAN)。其中 EPC 负责核心网部分,其又可以分为两个部分:一是 MME(Mobile Management Entity,移动管理实体),负责移动性控制;二是 S-GW(Serving Gateway,服务网关)负责数据包的路由转发。e-NodeB 与 e-NodeB 之间采用 X2 接口进行连接;而 LTE 核心网与接入网之间的连接则是通过 S1 接口进行的,S1 接口支持多对多的连接方式。

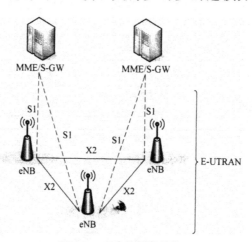

图 6-3 LTE 的网络结构

与传统 3G 系统的网络架构相比,接入网仅包括 e-NodeB 一种逻辑节点,取消了 RNC 部分,这使得网络架构更加趋于扁平化。这种扁平化的网络架构带来的好处是可以降低呼叫建立的时延以及用户数据的传输时延,并且由于减少了逻辑节点,使设备费用大幅降低。

图 6-4 显示了逻辑节点(e-NodeB、MME、S-GW)、功能实体和协议层之间的关系以及功能划分。

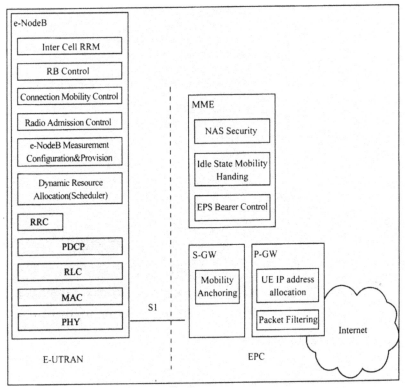

图 6-4　逻辑节点、功能实体和协议层之间的关系以及功能划分

LTE 系统架构各部分的功能如图 6-5 所示。

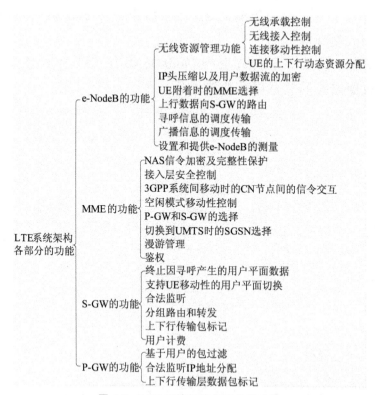

图6-5　LTE系统架构各部分的功能

6.2.2　LTE协议体系

LTE协议总体架构如图6-6所示。

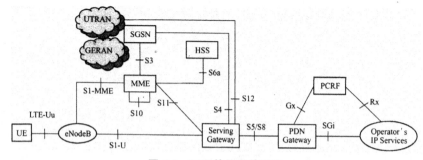

图6-6　LTE协议总体架构

1. E-UTRAN 接口的通用协议模型

与 E-UTRAN 接口的通用协议模型如图 6-7 所示,适用于与 E-UTRAN相关的所有接口,即 S1 和 X2 接口。E-UTRAN 接口的通用协议模型继承了 UTRAN 接口的定义原则,即控制面和用户面相分离,无线网络层与传输网络层相分离。继续保持控制平面与用户平面、无线网络层与传输网络层技术的独立演进,同时减少了 LTE 系统接口标准化工作的代价。

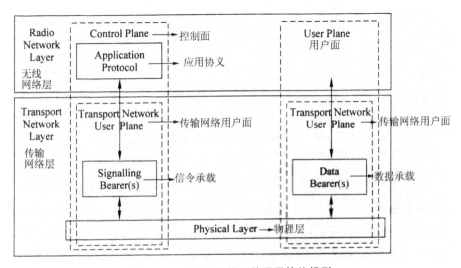

图 6-7　E-UTRAN 接口的通用协议模型

2. 空中接口协议

图 6-8 给出了 e-NodeB 侧 Uu 接口协议不同层次的结构、主要功能以及各层之间的交互流程,UE 侧的协议架构与之类似。数据以 IP 包的形式进行传送,在空中接口传送之前,IP 包将通过多个协议层实体进行处理。

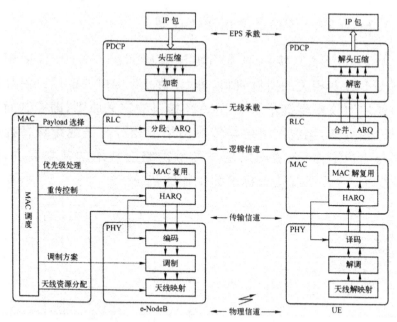

图 6-8 Uu 接口协议层之间交互流程示意图

（1）层 1 协议框架

图 6-9 中给出了物理层周围的 E-UTRA 无线接口协议结构。物理层与层 2 的媒体接入控制（Media Access Control，MAC）子层和层 3 的无线资源控制（Radio Resource Control，RRC）层具有接口。图中层与层之间的连接点称为服务接入点（Service Access Point，SAP）。物理层向 MAC 层提供传输信道。MAC 层提供不同的逻辑信道给层 2 的无线链路控制（Radio Link Control，RLC）子层。

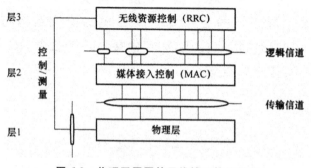

图 6-9 物理层周围的无线接口协议结构

物理层向高层提供数据传输服务,可以通过 MAC 子层并使用传输信道来接入这些服务。物理层提供的功能如图 6-10 所示。

物理层的功能
- 传输信道的错误检测并向高层提供指示
- 传输信道的前向纠错编码解码
- 混合自动重传请求软合并
- 编码的传输信道与物理信道之间的速率匹配
- 编码的传输信道与物理信道之间的映射
- 物理信道的功率加权
- 频率和时间同步
- 射频特性测量并向高层提供指示
- 多输入多输出天线处理
- 传输分集,波束赋形
- 射频处理
- 物理信道的调制和解调

图 6-10　物理层的功能

(2)层 2 协议框架

层 2 主要是由 MAC、RLC 以及分组数据汇聚协议(Packet Data Convergence Protocol,PDCP)等子层组成的。

图 6-11 和图 6-12 分别给出了下行和上行的层 2 框架。

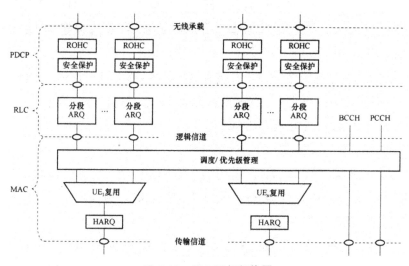

图 6-11　层 2 下行架构图

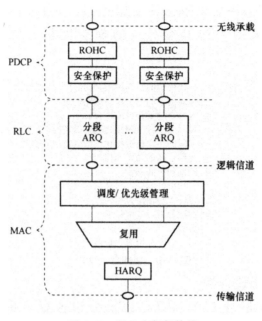

图 6-12 层 2 上行架构图

PDCP 向上提供的服务是无线承载,提供可靠头压缩(Robust Header Compression, ROHC)功能与安全保护。RLC 与 MAC 之间的服务为逻辑信道。MAC 提供逻辑信道到传输信道的复用与映射。

上行架构与下行架构的区别主要有:下行反映网络侧的情况,处理多个用户;上行反映终端侧的情况,只处理一个用户。每个子层实现的功能是相同的。

(3)层 3 协议框架

层 3 协议主要由 RRC 层构成。RRC 层承担 RRC 连接管理、无线承载控制、移动性管理以及 UE 测量报告与控制。它还负责广播系统信息和寻呼。

UMTS 有 4 种 RRC 状态,而 LTE 只有两种状态:RRC_IDLE 和 RRC_CONNECTED,如图 6-13 所示。建立 RRC 连接时,UE 处于 RRC_CONNECTED 状态,否则,UE 处于 RRC_IDLE 状态。

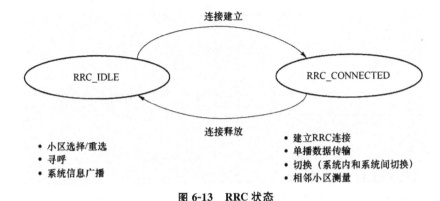

连接建立

RRC_IDLE

RRC_CONNECTED

连接释放

- 小区选择/重选
- 寻呼
- 系统信息广播

- 建立RRC连接
- 单播数据传输
- 切换（系统内和系统间切换）
- 相邻小区测量

图 6-13　RRC 状态

处于 RRC_IDLE 状态时，UE 可进行小区选择与重选。该状态下 UE 通过监视寻呼信号来检测来电被叫的发生，同时获取系统信息。系统信息主要包括 E-UTRAN 用来控制小区选择/重选过程的参数，如不同频率的优先级。

处于 RRC_CONNECTED 状态时，UE 建立 RRC 连接。E-UTRAN 分配无线资源给 UE，以便通过共享数据信道进行数据（单播）传输。为支持这种操作，UE 监视物理下行控制信道（PDCCH），来获取 UE 动态分配的时域和频域上共享的传输资源。UE 向网络提供下行信道质量和邻小区信息，以便 E-UTRAN 为 UE 选择一个最合适的小区。UE 也会接收系统信息。

6.2.3　LTE 系统的链路结构

1. LTE 系统的帧结构

LTE 系统支持的无线帧结构有两种，分别支持 FDD 模式和 TDD 模式。

（1）FDD 帧结构

该帧结构适用于全双工和半双工 FDD 模式。如图 6-14 所示，每个无线帧长度为 10ms，包含 10 个子帧。每个子帧包含 2 个时隙。每个时隙的长度为 0.5ms。在 FDD 模式中，上下行传输在不同的频域上进行，因此每一个 10ms 中，有 10 个子帧可以用于上行传输,有 10 个子帧可以用于下行传输。

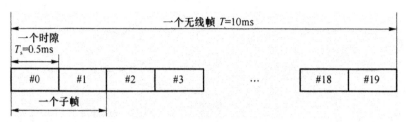

图 6-14　LTE FDD 模式帧结构

（2）TDD 帧结构

该帧结构适用于 TDD 模式。如图 6-15 所示,每个无线帧由两个半帧构成,每一个半帧长度为 5ms。每一个半帧又由 8 个常规时隙和 3 个特殊时隙(DwPTS、GP 和 UpPTS)构成。

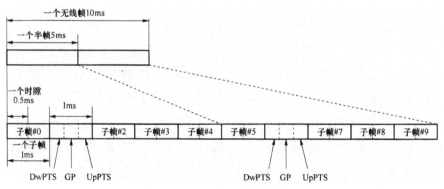

图 6-15　LTE TDD 模式帧结构

1 个常规时隙的长度为 0.5ms。DwPTS 和 UpPTS 的长度是可配置的,并且 DwPTS、GP 和 UpPTS 的总长度为 1ms。所有其他子帧包含两个相邻的时隙。TDD 模式支持 5ms 和 10ms 的上下行子帧切换周期。

2. 物理信道

与 WCDMA 等 3G 系统不同,LTE 在物理层下行采用 OFD-MA 技术,上行采用 SC-FDMA 技术,应用时频资源块作为资源分配的基本单位。另外,LTE 提高了传输信道到物理信道的复用能力,从而简化了物理层信道的种类。除了承载上层信息的物理信道外,LTE 物理层还包含仅供物理层使用的物理信号,如参考信号、同步信号等。物理层信道按传输方向划分可以分为上行信道和下行信道，如表 6-1 所示。

表 6-1　LTE 物理信道与物理信号

方向	物理信道	物理信号
上行	PUSCH、PUCCH、PRACH	RS 参考信号
下行	PDSCH、PBCH、PMCH、PCFICH、PDCCH、PHICH	RS 参考信号、PSS 主同步信号、SSS 辅同步信号

（1）物理资源

LTE 物理层传输使用的最小资源单位定义为资源粒子（Resource Element，RE），依据时域和频域索引对 (k,l) 进行区分，其中 k 为频域载波序号，l 为时域符号序号。在 RE 之上，还定义了资源块（Resource Block，RB），一个 RB 包含若干个 RE，如图 6-16 所示。LTE 为用户分配资源是以 RB 为单位进行的，用户的物理信道和物理信号的分配则以 RE 为单位。上、下行物理资源块的配置参数如表 6-2 所示。NRB 为系统频带内的 RB 个数，与系统带宽有关。例如，由表 6-2 的参数可知一个 RB 的带宽为 180kHz，因此当系统带宽为 10MHz 时，去除保护带宽后，可容纳 50 个 RB。

表 6-2　LTE 物理资源块参数

方向	配置		N_{sc}^{RB}	N_{symb}
上行	常规 CP		12	7
	扩展 CP		12	6
下行	常规 CP	$\Delta f = 15\text{kHz}$	12	7
	扩展 CP	$\Delta f = 15\text{kHz}$	12	6
		$\Delta f = 15\text{kHz}$	24	3

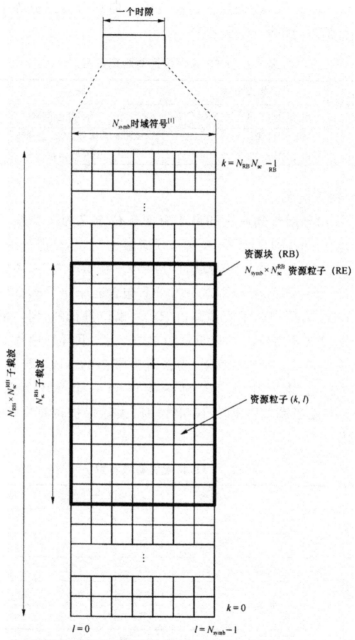

注：时域符号在下行时为OFDM符号，上行时为SC-FDMA符号

图 6-16 LTE 物理资源

（2）物理信道生成

物理信道的一般生成和接收过程如图 6-17、图 6-18 所示。

LTE 中引入层是为了区分多路数据以便实现多天线端口的发送分集和发送复用。层的概念在 LTE-R8 版本中仅存在于下行过程中。这是因为 LTE-R8 中上行只采用一根天线,无法实现多路数据到天线端口的映射。上下行的一个重要区别在于采用的是 OFDM 还是 SC-FDMA。两者的一个重要差异在于时域峰均值比。OFDM 是多个正交载波信号在时域上的叠加,因此 OFDM 信号波峰值和波谷值差别可能会较大,这对发送端的功率和功放的要求较高。SC-FDMA 在这一点上优于 OFDM,因此考虑到手机终端的实际情况,LTE 标准中在上行采用了 SC-FDMA。

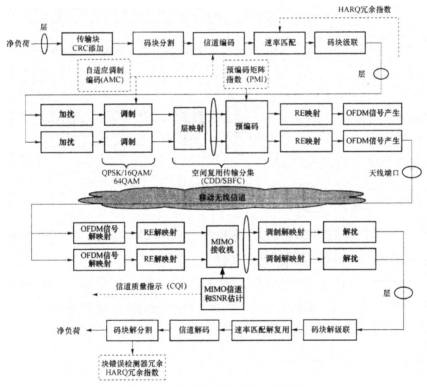

图 6-17　下行物理信道的一般流程

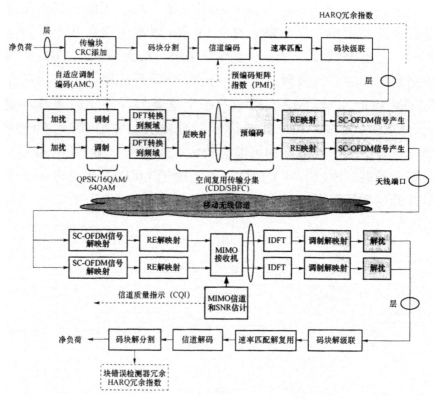

图 6-18　上行物理信道的一般流程

（3）物理信道举例

下面结合具体的物理信道和物理信号，给出它们实际传输时在资源格中的分布情况。

图 6-19 中为下行物理信道的物理资源映射举例，其中 LTE 系统带宽为 1.4MHz，天线数目为 4，物理信道和物理信号有 PC-FICH、PDCCH、PHICH、PDSCH、RS。

— 174 —

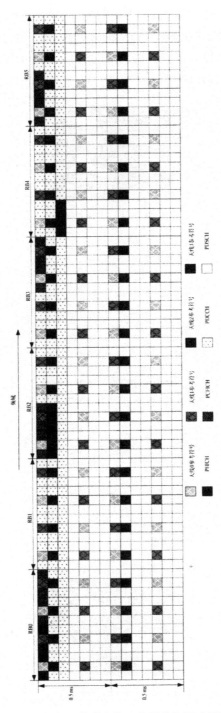

图 6-19 下行物理信道和物理信号的资源映射举例

图 6-20 中为上行物理信道的物理资源映射举例,其中 LTE 系统带宽为 1.4MHz,物理信道和物理信号有 PUCCH、PUSCH、RS。需要注意的是,同一个用户的 PUCCH 和 PUSCH 不能在同一个子帧内发送,其 PUCCH 会先于相应的 PUSCH 发送。

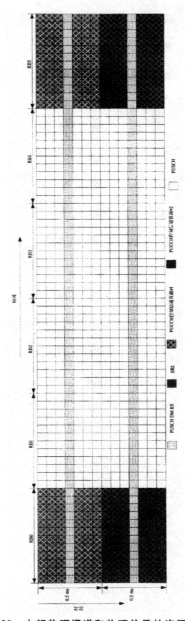

图 6-20 上行物理通道和物理信号的资源映射举例

6.3　LET 中的关键技术

1. OFDM

在 LTE 系统中,多址接入方案在下行方向采用正交频分多址接入(OFDMA),上行方向采用单载波频分多址接入(SC-FDMA)。这两种多址接入技术都将频域作为系统一个新的灵活资源,如图 6-21 所示。

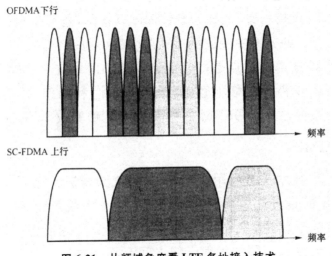

图 6-21　从频域角度看 LTE 多址接入技术

SC-FDMA 的多址结构原理如图 6-22 和图 6-23 所示。

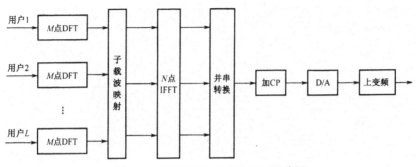

图 6-22　SC-FDMA 系统发送端示意图

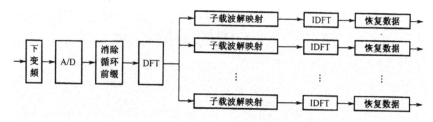

图 6-23　SC-FDMA 系统接收端示意图

单载波多址技术 SC-FDMA 结合了 OFDM 技术抗多径衰落，以及 SC-FDE(Single-carrier Frequency Domain Equalization，单载波频域均衡)技术的低 PAPR 值和发送端复杂度较低等优点，可以降低对硬件(尤其是功率放大器)的要求，提高功率利用效率，并与下行的 OFDM 保持一致，大部分参数都可以重用，是目前众多降低峰值平均功率比的方案中造成额外复杂度最小的一个。

OFDM 技术的优点是可以消除或减小信号波形间的干扰，对多径衰落和多普勒频移不敏感，提高了频谱利用率，可实现低成本的单波段接收机。OFDM 的主要缺点是功率效率不高。

2. MIMO

MIMO 技术是指利用多发射、多接收天线进行空间分集的技术，它采用的是分立式多天线，能够有效地将通信链路分解成为许多并行的子信道，从而大大提高容量。信息论已经证明，当不同的接收天线和不同的发射天线之间互不相关时，MIMO 系统能够很好地提高系统的抗衰落和噪声性能，从而获得巨大的容量。

多天线技术可以用各种方式实现，主要基于 3 个基本原则，如图 6-24 所示。

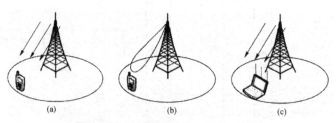

图 6-24　多天线技术的 3 种基本增益

(a)分集增益；(b)阵列增益；(c)空间复用增益

3. 调制与编码技术

4G 移动通信系统采用新的调制技术,如多载波正交频分复用调制技术以及单载波自适应均衡技术等调制方式,以保证频谱利用率和延长用户终端电池的寿命。

LTE 系统对于传输数据速率较低的信道(广播信道和控制信道),往往采用卷积编码,并采用咬尾卷积的方法来解决卷积编码中出现的拖尾比特问题。咬尾卷积编码是指编码器的移位寄存器的初始值设置为输入流最后的 6 个信息比特对应的值,使得移位寄存器的初始和最终状态相同,这样可以省去拖尾比特,提高了编码效率。咬尾卷积编码器如图 6-25 所示。

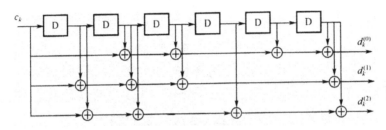

图 6-25　码率为 1/3 的咬尾卷积编码器

对于传输速率较高的信道,则需要性能更好的信道编码方案。LTE 系统依据误码率、复杂度、扩展性、分段灵活等性能指标,通过综合分析,最终采用 Turbo 码,而没有选择在整体性能上未显现出明显优势的低密度奇偶校验(Low Density Parity Check,LDPC)码。LTE 系统中采用的 Turbo 码编码器如图 6-26 所示。

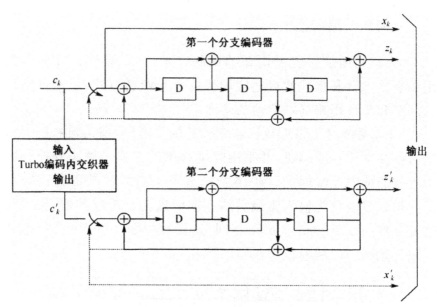

图 6-26　Turbo 码编码器结构

　　Turbo 码的主要参数包括算法、迭代次数、编码效率。下面针对 TD-LTE 协议要求的 Turbo 码不同参数的误码率性能进行仿真。使用的参数分别是算法、迭代次数和编码效率。

　　使用的 Turbo 码分量译码器算法是实际应用较为广泛的 Log-MAP 算法和 Max-Log-MAP 算法。仿真条件如下：交织长度分别为 40、192、512、1408，迭代次数为 8，编码效率为 1/3。仿真的结果如图 6-27、图 6-28 所示。

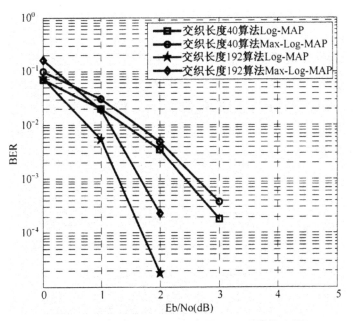

图 6-27　交织长度为 40、192 时 Turbo 码性能比较

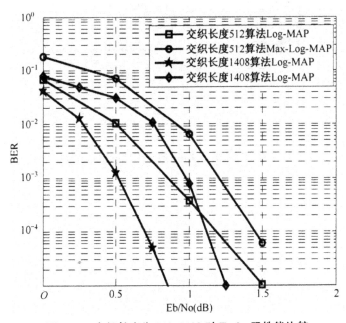

图 6-28　交织长度为 512、1408 时 Turbo 码性能比较

从仿真图中可以看出，在 TD-LTE 背景下，Max-Log-MAP 算法误码率性能较差，与 Log-MAP 算法相差 0.3～0.4dB。主要原因是 Max-Log-MAP 算法用误码率性能的降低换取了复杂度的降低。

一般将数据通过一次第一分量译码器和第二分量译码器看作一次迭代,下面针对 4 种不同的交织长度 40、192、512、1408 进行仿真,观察它们在不同迭代次数下的误码性能,其他仿真条件如下:译码算法为 Log-MAP,码率为 1/3。仿真结果分别如图 6-29～图 6-32 所示。

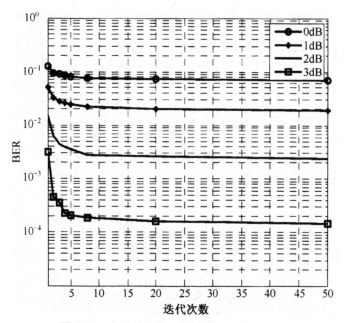

图 6-29　交织长度为 40 时迭代次数性能比较

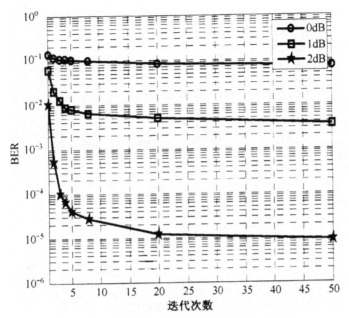

图 6-30　交织长度为 192 时迭代次数性能比较

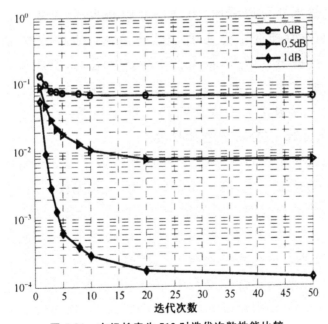

图 6-31　交织长度为 512 时迭代次数性能比较

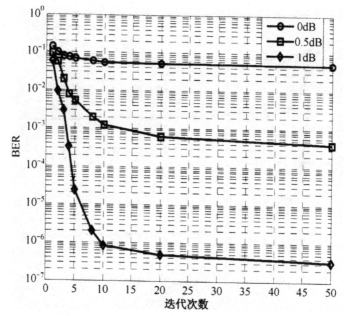

图 6-32　交织长度为 1408 时迭代次数性能比较

通过仿真图可以看出：当迭代次数较少时，随着迭代次数的增加，误码率性能变化明显；而当迭代达到一定次数时，误码率性能几乎不再提升。此外，从仿真图中可以看出，交织长度较小时的性能曲线收敛的速度要高于交织长度较大时。例如，交织长度为 40 时，一般迭代 5 次左右曲线就基本收敛；而在交织长度为 512 时，迭代 10 次左右才基本收敛。

产生这种结果的原因是，不同迭代次数中输入分量译码器的信息位和校验位一样，唯一不同的是输入的先验信息，而输入的先验信息是上一次迭代的输出结果。第一次迭代输入的是全零序列，此时先验信息与系统信息位的相关性很小；随着迭代次数的增加，先验信息与系统信息位的相关性逐渐增大；当迭代到一定次数后，二者相关性基本保持不变，所以导致误码率性能趋于稳定。

图 6-33 和图 6-34 分别给出了不同码率下的 Turbo 码性能仿真曲线，其对应的交织长度分别为 40、192、512、1408，译码算法为 Log-MAP，迭代次数为 8。

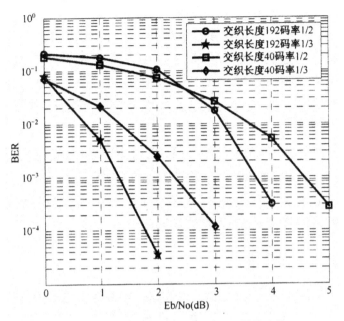

图 6-33　交织长度为 40、192 时码率性能比较

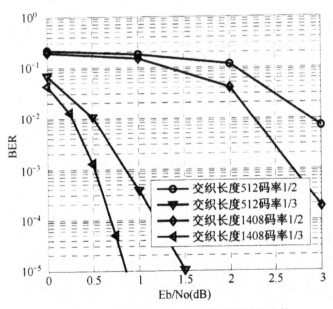

图 6-34　交织长度为 512、1408 时码率性能比较

从图 6-33 和图 6-34 可以看出，码率越大，误码率性能越差，原因是在后续的处理中对 Turbo 码编码器输出的数据进行了打孔，部分校验位并未发送至接收端；而在接收端中，未发送的数据

用0替代,这样很多校验位就被直接看作误码,所以造成一些误码增殖,使得先前并未出错的系统信息位出现错误。由于用0替代了未发送的数据,在译码算法的计算过程中并未完成简化,但是由于提高码率可以减少发送的冗余码元数量,所以可以提高吞吐量。当信道状态较好时,可以考虑使用较低的码率传输,从而提高吞吐量。

除了以上两种编码方式外,LTE 系统采用的其他信道编码方式如下:对码块添加 CRC 校验位来检测传输码块是否出错,对上行反馈的信道质量信息进行块编码,对 HARQ 的控制信息和秩指示信息采用奇偶校验码和重复码。

4. 智能天线技术

用于基站的智能天线是一种由多天线单元组成的阵列,它对来自移动台发射的多径电波方向进行到达角估计,并进行空间滤波,抑制其他移动台的干扰。同时,也可延长电池寿命,减小用户设备体积。智能天线技术实现了发信设备和传播环境,以及用户和基站间的最佳空间匹配通信。

5. 软件无线电技术

软件无线电是指在一个通用的硬件平台上,通过软件编程实现不同工作频段和不同调制方式的不同系统的基站和移动终端设备之间的无缝兼容,以提高通信系统的可靠性、兼容性、互通性和灵活性。

软件无线电的硬件平台基于宽带模拟/数字信号处理芯片,在射频或中频中对信号实现数字化,通过软件编程以灵活地实现宽带数字滤波,直接数字频率合成,数字下变频,调制解调,差错编码,信道均衡,信令控制,信源编码及加密解密,从而实现通信系统的各项功能。

6. 基于 IP 的核心网

移动通信系统的核心网是一个基于全 IP 的网络,同已有的移动网络相比具有根本性的优点,即可以实现不同网络间的无缝互联。核心网独立于各种具体的无线接入方案,能提供端到端的 IP 业务,能同已有的核心网和 PSTN 兼容。核心网具有开放的结构,能允许各种空中接口接入核心网;同时核心网能把业务、控制和传输等分开。采用 IP 后,所采用的无线接入方式和协议与核心网络(CN)协议、链路层是分离独立的。IP 与多种无线接入协议相兼容,因此在设计核心网络时具有很大的灵活性,不需要考虑无线接入究竟采用何种方式和协议。

7. 演进型多媒体广播多播业务

LTE 系统中的 E-MBMS 技术可以分为两种类型:多小区 MBMS 和单小区 MBMS。其中,单小区 MBMS 业务信道(MBMS Traffic Channel,MTCH)映射到下行共享信道(DL Shared Data Channel,DL-SCH)。而多小区 MBMS 则是通过多小区间合并实现的,通过相互同步的多个小区共同发送 MBMS 信号在空中自然形成多小区信号的合并。这种合并因为发生在同一个频率上,因此又称单频网(Single Frequency Network,SFN)合并。这种合并由于在 UE 端接收多小区 MBMS 信号,所以无须增加任何额外复杂度,按照接收单播信号的方法接收即可;但在 e-NodeB 端,需要一些不同的设计满足多小区信号的单频网合并的需要,一个最重要的修改就是采用更长的 CP(Cyclic Prefix,循环前缀),即扩展 CP(Extended CP)。常规 CP(Normal CP)是在单播系统假设下设计的,即将本小区 e-NodeB 发出的信号看作有用信号,而将相邻小区的信号看作干扰,此时 CP 长度只要大于单个小区的多径时延扩展即可。但是在 SFN 合并 MBMS (又称多播广播单频网,Multicast Broadcast Single Frequency Network,MBSFN)系统中,多个小区的 e-NodeB 发出的信号均被看作有用信号,这种情况下 CP 需要大于多个小区信号的时延扩展,因此需要更大的 CP 长度。

8. 功率控制

LTE系统中下行功率控制较为简单,对于下行控制信道(PDCCH、PCFICH、PHICH)不能通过频域调度解决路径损耗和阴影问题,所以基站通过对终端信号的接收质量(Channel Quanlity Indicator,CQI)等反馈信息进行统计,缓慢地调整各个用户的下行业务信道和控制信道的功率分配。对于QAM调制方式和空间复用传输方式,还需要通过高层信令将功率分配后的导频与数据功率比告知终端。而对于PDSCH,由于采用了OFDM技术,一个小区内发送给不同UE的下行信号是相互正交的,因此不存在CDMA系统中的因远近效应而进行功率控制的必要性。

由于LTE上行采用SC-FDMA技术,一个小区内不同UE的上行信号是相互正交的,因此也不存在CDMA系统中的因远近效应而进行功率控制的必要性。LTE上行功控主要用于补偿信道的路径损耗和阴影,并用于抑制小区间干扰。在上行方向主要采用开环估计结合闭环调整的方式,其中开环部分为终端根据系统配置的期望接收功率、上行资源分配方式、传输格式、路径损耗测量等确定发射功率初值,而后由基站下发的功率控制命令进行实时的闭环调整。在开环确定发射功率部分引入了部分路损补偿机制,路径损耗补偿系数可由系统配置,降低小区边缘用户发射功率过大对相邻小区造成的同频干扰。

9. 小区搜索

小区搜索是当终端开机或者需要进行小区切换时,对小区下行同步信号的检测过程。小区搜索流程如图6-35所示。

小区搜索具体包括时间同步检测、频率同步检测以及小区ID检测等过程,为后续进行信道估计、广播信道的接收做好准备。E-UTRA系统的小区搜索过程与UTRA系统的主要区别是它应能够支持不同的系统带宽(1.4~20MHz)。小区搜索通过若干下行信道实现,包括同步信道(Synchronization Channel,SCH)、广播信道（Broadcast Channel，BCH）和下行参考信号（Reference Signal，RS）。概括地说，UE 在小区搜索的过程中需要获得的信息包括符号时钟和频率信息、小区带宽、小区识别号（ID）、帧时钟信息、小区多天线配置、BCH 带宽以及 SCH 和 BCH 所在子帧 CP 长度。在 LTE 系统中，下行同步信号分为主同步信号（Primary Synchronized Signal，PSS）和辅同步信号（Secondary Synchronized Signal，SSS）。采用主、辅同步信号的优势是能够保证终端准确快速地检测出主同步信号，并在已知主同步信号的前提下检测辅同步信号，提高小区搜索速度。

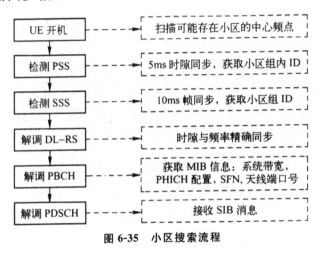

图 6-35　小区搜索流程

10. 物理层随机接入

随机接入是 UE 在开始和基站通信之前的网络过程，随机接入可以分为两种类型：同步随机接入（Synchronized Random Access）和非同步随机接入（Non-synchronized Random Access）。当 UE 已经和系统取得上行同步时，UE 的随机接入过程称为同步随机接入。当 UE 尚未和系统取得同步或丢失了上行同步时，UE 的随机接入过程称为非同步随机接入。由于在进行非同步随机接入时 UE 尚来取得精确的上行同步，因此非同步随机接入区别于同步随机接入的一个主要特点，就是要估计、调整 UE 上行发送时钟，将同步误差控制在 CP 长度以内。

在进行随机接入过程之前,终端首先需要通过系统广播消息获得进行随机接入的物理层资源和所分配的前导序列(Preamble)码集合,然后根据所获得的信息,生成随机接入前导序列,并在相应的物理层随机接入资源上发起随机接入。基站对随机接入信道进行检测,如果基站检测到了随机接入前导序列,则在下行控制信道上反馈相应的信息。终端在发送随机接入前导序列后,在一个时间窗口内检测下行控制信道中的反馈信息,如果检测到了相应的反馈信息,则说明该终端发送的随机接入前导序列被基站检测到。该反馈信息中还包含了终端上行定时提前调整量,终端根据该调整量可以获得上行同步,进而可以发送上行资源调度请求信息,进行后续的数据传输。

对于非同步随机过程,它的随机接入流程方案有"一步法"和"两步法"两种,分别如图 6-36 和图 6-37 所示。对于同步随机过程,它的流程与非同步随机接入相似,只是不需要上行时钟调整。

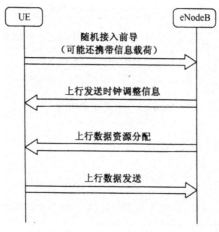

图 6-36 一步法随机接入流程方案

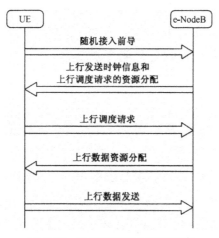

图 6-37　步法随机接入流程方案

11. 小区间干扰抑制

为了提高小区边缘的数据传输速率,LTE 系统引入了小区间干扰抑制技术,主要包括小区间干扰随机化、小区间干扰消除和小区间干扰协调/回避等。

小区间干扰随机化是指将干扰信号随机化,它不能降低干扰能量,但能使干扰特性接近白噪声,从而使终端可以依赖处理增益对干扰进行抑制。常见的方法有小区特定加扰和小区特定交织,小区特定加扰是对编码交织后的信号采用伪随机码进行加扰,而小区特定交织是对不同小区采用不同的交织图样。

小区间干扰消除原理是对干扰信号进行某种程度的解调或者解码,然后利用接收机的处理增益从接收信号中消除干扰信号分量。常用的方法有基于多天线接收终端的空间干扰压制技术和基于干扰重构/减去的干扰消除技术。前者利用从两个相邻小区到 UE 的空间信道差异区分服务小区和干扰小区的信号,而并不依赖任何发射端配置和额外信号区分手段。后者则通过将干扰信号解调解码,对该干扰信号进行重构,然后从接收信号中减去,如果能将干扰信号分量准确减去,就只剩有用信号和噪声了。

小区间干扰协调/回避,也称部分频率复用(Fractional Frequency Reuse,FFR)或软频率复用(Soft Frequency Reuse,

SFR)，即在小区中心采用 1 的频率复用，或自由使用所有频率资源，而在小区边缘采用大于 1 的频率复用，而且必须按照一定的复用规则进行选取，从而避免强干扰。

12. 同步

LTE 系统中同步主要包括三种。第一种是 UE 与 e-NodeB 之间的同步。第二种是 e-NodeB 之间的同步，各 e-NodeB 间取得同步的方法是借助小区内各 UE 的报告和相邻的 e-NodeB 做同步校准，使全系统逐步和参考基站取得同步。第三种是上行同步，又称时间控制，即为了保证上行多用户之间的正交性，要求各用户的信号同时到达 e-NodeB，误差在 CP 之内，因此需要根据用户距离 e-NodeB 远近调整它们的发射时间。

13. 切换

当 UE 处于连接状态时，网络通过切换对其进行移动性管理。在 LTE 系统中，切换涉及的网络实体包括演进型节点基站、移动性管理实体和服务网关。LTE 系统中并未采用宏分集合并技术，而采用了快速硬切换，即快速小区选择，包括系统内的切换和不同频率、不同系统间的切换。

LTE 中采用的是 UE 辅助、网络决策的切换。所谓 UE 辅助，是指 UE 上报服务小区和邻小区的测量结果，网络根据测量结果进行切换判决。LTE 中的切换流程如图 6-38 所示。

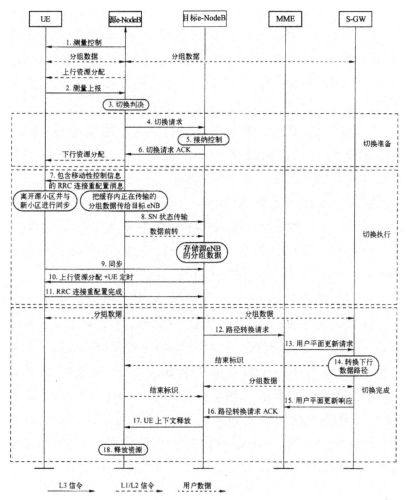

图 6-38　LTE 切换流程

6.4　LTE-Advanced 系统

6.4.1　载波聚合技术

LTE-Advanced 要求在 100MHz 带宽内提供下行 1Gbit/s，

上行 500Mbit/s 的峰值速率。一方面,LTE-Advanced 系统要在如此宽的频带内工作,另一方面在无线资源频谱日益紧张的今天,很难找到连续 100MHz 的频谱供 LTE-Advanced 系统使用,故将 LTE 系统现有的离散频带组合起来构成更大系统带宽成为一种必然选择。因此,3GPP 提出了载波聚合(Carrier Aggregation,CA)技术,通过联合调度和使用多个离散的频带,使得 LTE-Advanced 系统可以支持最大 100MHz 的带宽,从而能够实现更高的峰值速率,改善用户的业务体验。

根据聚合载波所处频段的不同,载波聚合分为频带内(intra-band)载波聚合和频带间(inter-band)载波聚合。频带内载波聚合是指聚合在一起的载波属于同一个频段,频带间载波聚合是指聚合在一起的载波属于不同的频段。一个上行载波和一个下行载波关联到一起就构成一个服务小区(Cell),所以载波聚合又称为小区聚合。为了便于对服务小区的管理,3GPP 定义了主小区(Primary Cell,PCell)和辅小区(Secondary Cell,SCell),规定每个 UE 有且仅有 1 个 PCell 和最多 4 个 SCell。PCell 的主要作用包括 RRC 连接管理、非接入层(Non-Access Stratum,NAS)移动性、作为安全性参数的输入和发送物理层控制信息;SCell 的主要作用是扩展带宽。图 6-39 是载波聚合示意图,其中阴影填充的上行载波和下行载波构成 PCell。

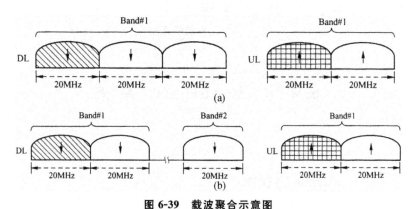

图 6-39 载波聚合示意图

(a)intra-band 载波聚合;(b)intra-band 载波聚合

1.交叉载波调度

载波聚合中使用交叉载波调度机制,使得调度具有更高的灵活性。交叉载波调度主要是针对异构网络场景,使受干扰较大的小区的控制信息通过信道条件好的载波传输,以保证控制信息的可靠传输。如图 6-40 所示,本载波调度与 LTE 中的调度方式相同,其 PDSCH/PUSCH 由本载波的 PDCCH 调度。而对于交叉载波调度,其 PDSCH/PUSCH 由其他载波的 PDCCH 调度。当 UE 配置交叉载波调度时,通过载波指示域(Carrier Indication Field,CIF)区分不同的载波,CIF 位于下行控制信息(Downlink Control Information,DCI)格式中的起始位置,长度是 3bit,最多能够标识 8 个小区。

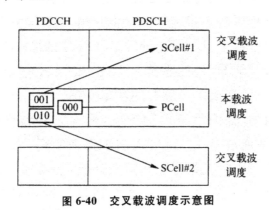

图 6-40　交叉载波调度示意图

2.聚合小区管理

引入载波聚合技术后,UE 可以在多个成员载波上传输数据,获得速率提升。但是,并不是所有 UE 都需要使用载波聚合,使用了载波聚合的 UE 也可能不需要一直在多个辅小区上收发数据。为了节省 UE 的功率消耗,定义了几种小区状态:配置/未配置,激活/去激活,几种小区状态的转化关系如图 6-41 所示。

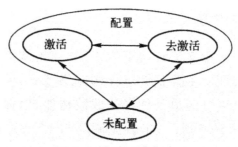

图 6-41　聚合小区状态分类

　　配置/未配置是针对辅小区而说的。被 UE 使用的辅小区称为配置小区,未被使用的辅小区称为未配置小区,配置/未配置是相对于 UE 来说的,即一个 UE 的未配置的辅小区可能是另一个 UE 的配置辅小区。e-NodeB 通过 RRC 重配置信令为 UE 增加额外的配置辅小区,或者删除已配置的辅小区。

　　配置的辅小区进一步被划分为激活辅小区与去激活辅小区。在去激活的辅小区上,UE 不接收 PDCCH/PDSCH,不发送 SRS/CQI,不发送 PUSCH(包括重传),不在 PDCCH 搜索空间上检测上行授权,故不会造成 UE 额外的功率开销。

　　辅小区激活/去激活有两种方法:显性方法和隐性方法。显性激活/去激活通过专用 MAC 控制单元来实现,MAC 控制单元中每个比特代表对相应编号辅小区的激活/去激活操作,0 表示去激活,1 表示激活。隐性激活/去激活通过计时器来实现:当辅小区被激活的时候,e-NodeB 和 UE 同时启动一个计时器,若计时器超时,则该辅小区隐性地被去激活;如果在计时器超时前该小区上又有新的传输(包括信令和数据),那么重启该计时器,该辅小区继续保持激活状态。

3. 载波聚合中的切换

　　在传统 LTE 切换过程中,源 e-NodeB 和目标 e-NodeB 具有不同的功能划分,如表 6-3 所示。在 LTE-Advanced 系统中,如果 UE 在切换之前工作在 CA 模式,为了保证业务的连续性,当 UE 切换完成之后也应该尽快以 CA 模式工作。所以在切换过程中,源 e-NodeB 除了选择 PCell 外,还在切换命令中携带候选 SCell 列表及每个候选 SCell 的信道测量结果(RSRP 和 RSRQ),供目标 e-NodeB 为 UE 配置 SCell 时作为参考。

表 6-3　切换中源 e-NodeB 和目标 e-NodeB 功能划分

	源 e-NodeB	目标 e-NodeB
LTE	切换判决; 目标小区选择	接纳控制; 资源预留; 生成切换命令
LTE-Advanced 载波聚合	切换判决; PCell 选择; 生成候选 SCell 列表	接纳控制; 确定最终 SCell; 资源预留; 生成切换命令

6.4.2　中继技术

中继(Relay)技术是 LTE-Advanced 的一个重要特性,其作用是提高系统覆盖、系统容量,提供灵活的网络部署和降低网络建设成本。中继主要的应用场景包括:热点覆盖、补盲、室内覆盖、农村覆盖、应急通信、无线回传和组移动。

1.中继网络架构

支持中继节点(Relay Node,RN)的全球地面无线接入网(E-UTRAN)架构如图 6-42 所示。

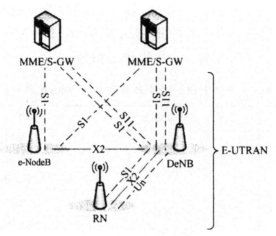

图 6-42　中继网络结构图

（1）中继节点

从 UE 的角度看，RN 就是一个 e-NodeB，具备 e-NodeB 的功能；从 e-NodeB 的角度看，RN 是一个特殊的 UE。因此，RN 除了具有 e-NodeB 的功能外，还具备 UE 的特性，需要支持 UE 的相关功能（如小区选择、attach/detach 过程、随机接入等）。

（2）宿主 e-NodeB（Doner e-NodeB，DeNB）

能够接入 RN 的 e-NodeB 称为 DeNB，DeNB 既能够接入普通 UE，同时又能够接入 RN 这类特殊的 UE。因此，DeNB 除了具备 e-NodeB 的功能外，还需要实现代理功能，从而能够支持 RN 和核心网的连接。中继网络协议栈架构采用代理的方式，DeNB 在 RN 与其他网元（如 MME、S-GW、P-GW 和其他 eNB）之间执行代理的功能，即将 S1 接口和 X2 接口的控制面与用户面数据代理给 RN。如图 6-43 所示，RN 的 SGW/PGW 是集成在 DeNB 内部的，因此 DeNB 还需要集成了 RN 的 S/PGW 的功能。

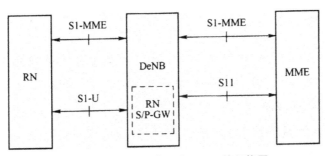

图 6-43　RN-GW 嵌入在 DeNB 的架构图

（3）Un 接口

RN 的引入使得网络中增加了两个接口：RN 和 UE 之间的 Uu 接口，以及 RN 和 e-NodeB 之间的 Un 接口。由于 RN 具备 e-NodeB的功能，因此 RN 和 UE 之间的通信接口仍沿用 LTE 系统中的 Uu 接口。从 RN 的角度来看，DeNB 相当于一个 MME（针对 S1 接口的控制面）、一个 SGW（针对 S1 接口的用户面）、一个邻居 e-NodeB（针对 X2 接口的控制面和用户面）。因此在 Un 接口上，还需要支持 S1 和 X2 协议，即在 Un 接口上，需要支持 PHY/MAC/RLC/PDCP 无线口协议栈，还需要支持 S1 或 X2 接口协议，协议栈结构如图 6-44 所示。

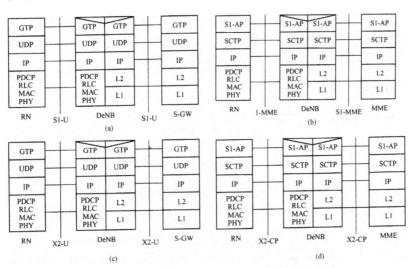

图 6-44　支持 RN 的 S1/X2 用户面和控制面协议栈

（a）支持 RN 的 S1 用户面协议栈；（b）支持 RN 的 S1 控制面协议栈；

（c）支持 RN 的 X2 用户面协议栈；（d）支持 RN 的 X2 控制面协议栈

2. 中继分类

LTE-Advanced 支持两种中继节点类型：带外（Outband）中继和带内（Inband）中继，带内中继又进一步分为需要资源划分的中继和不需要资源划分的中继。这几类中继的差异主要体现在 Un 接口的物理层特性（如帧结构和物理信道）是否与 Uu 接口的物理层特性相同。

RN-UE 之间的 Uu 接口与 Un 口使用的频率资源不同，这种类型的中继称为带外中继。由于带外中继在 Uu 和 Un 接口上使用不同的频率，因此不会造成在中继侧的收发干扰。因此在带外中继系统中，Un 接口和 RN-UE 之间的 Uu 接口通过频段资源划分，Un 接口的物理层特性与 Uu 接口是相同的。

对于需要资源划分的带内中继，RN-UE 之间的 Uu 接口和 Un 接口使用相同的资源，需要通过 TDM 的方式，避免中继节点的收发干扰。这类中继 Un 接口的物理层特性与 Uu 接口是不同的。

对于不需要资源划分的带内中继，RN-UE 之间的接口和 Un 接口使用相同的资源，但是通过提高中继节点双工器的性能或者是 RN 收发天线的隔离，来降低中继节点的收发干扰。这类中继 Un 接口的物理层特性与 Uu 接口是相同的。

6.4.3　CoMP 技术

协同多点传输技术（CoMP）是指在地理位置上分离的多个传输点，通过协作发射/接收，实现系统整体性能的提升和小区边缘用户的服务质量的改善。CoMP 技术的核心思想是通过处于不同地理位置的多个传输点之间的协作，避免相邻基站之间的干扰或将干扰转换为对用户有用信号，实现用户性能的改善，为终端用户提供高性能的数据服务。

按照数据处理方式的不同，CoMP 技术的实现方式可以分为联合处理技术及协同调度/波束赋形技术两类。

1. 联合处理技术

联合处理技术(Joint Process,JP)核心思想是 CoMP 协作集中的各个传输点在同一资源块上共享用于某个用户传输的数据,即用户的数据在多个传输点上同时可用,也就是说,一个用户的数据在不同的传输点共同传输,并且在这些传输点联合预处理。根据用户传输数据是否同时来自不同的传输点,JP 技术又可以分为联合传输(Joint Transmission,JT)技术与动态传输点选择(Dynamic Point Select,DPS)技术。

如图 6-45 所示,在联合传输技术中,多个传输点在同一个物理资源块上(Physical Resource Block,PRB)同时为用户提供直接的数据传输服务,数据可以来自 CoMP 协作集中的某一部分传输点或者是全部的传输点。此时,UE 同时接收由多个传输点发送的数据信息,并对这多个信息进行相干或非相干合并,从而提高 UE 的接收信噪比和传输速率。

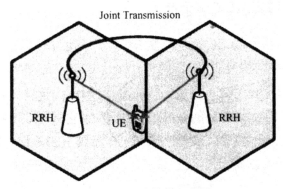

图 6-45　联合传输示意图

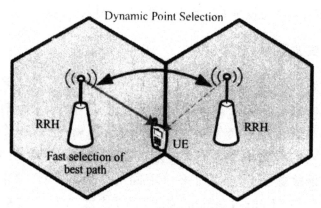

图 6-46　动态传输点选择示意图

如图 6-46 所示,动态传输点选择技术只允许单个传输点在同一个 PRB 上为用户提供数据传输服务,数据只能来自 CoMP 协作集中的一个传输点。此时,UE 不同时接收由多个传输点发送的数据信息,而是每次只接收一个传输点发送的数据信息,但可以根据信道质量、时延、小区负载等因素在 CoMP 协作集中自适应更换传输点。

2. 协同调度/波束赋形技术

如图 6-47 所示,在协同调度中,CoMP 用户协作小区集合中的所有小区共同决定 CoMP 用户的 CS/CB(Coordinated scheduling/beamforming,协同调度/波束赋形技术),但只允许服务小区为 CoMP 用户提供直接的数据传输服务。它通过 X2 接口交互各传输点的调度或者波束赋形等信息来协调各传输节点资源分配或预编码矩阵,以降低小区边缘用户受到的同频干扰。

协同波束赋形的协调方式与协同调度基本相同,不同的是协同调度是在频域上进行协调,而协同波束赋形是在空域上进行协调,避免多个小区在同一方向上进行波束赋形以降低小区边缘用户之间的干扰。

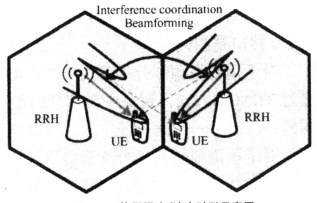

图 6-47 协同调度/波束赋形示意图

6.4.4 eICIC 技术

1. LTE-A 异构网

随着数据业务类型越来越广泛,用户对数据速率需求的日益增长,传统的 LTE 蜂窝网络架构已经不能满足业务特性需求,主要体现在以下两个方面:室内覆盖质量较差;不能满足热点地区业务量需求。

传统蜂窝网络对室内覆盖较差的原因是室内穿透损耗较大,再加上 LTE 通信系统的工作频率较高,因此室内的用户很难获得高吞吐量。统计数据表明,80%~90%的业务量发生在室内和热点地区。基于此,LTE-Advanced 引入了异构网络架构,旨在提高热点地区的吞吐量,改善室内覆盖。

在 LTE-Advanced 系统中,将具有不同发射功率、不同回程链路类型的站点构成的网络称为异构网。一个典型的异构网如图 6-48 所示。Macro 基站用于提供广域的覆盖;Pico 基站用于提高热点业务地区的容量,以及平衡 Macro 基站内的负载 Femto 基站用于为个人用户提供更好的服务质量(Quality of Service,QoS);Relay 基站用于扩展小区边缘的覆盖,或者部署在不方便部署有线回程链路的地点。Femto、Relay 和 Pico 等节点的发射功率低于 Macro 基站,故被称为低功率节点(Low Power Node,LPN)。

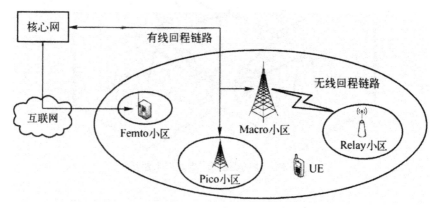

图 6-48　异构网结构示意图

2.异构网干扰场景

LTE-A 异构网中存在的最大问题是在站点小区重叠覆盖情况下,各站点小区间的同频干扰问题。由于 LPN 基站和 Macro 基站使用相同的载波,且 Macro 基站的下行发射功率较 LPN 基站大得多,导致 Macro 基站对 LPN 边缘用户的下行接收造成很大干扰。此外,在家庭基站等封闭用户组(Closed Subscriber Group,CSG)场景中,家庭基站的下行发射也会对附近的 Macro 基站用户造成干扰。异构网中的干扰场景主要有以下几种。

(1)Macro e-NodeB(MeNB)干扰 Pico UE(PUE)

LTE-A 采用了覆盖扩张(Range Expansion,RE)技术,即 UE 在宏小区和 Pico 小区进行小区选择或者切换时,会在 Pico 小区的 RSRP 值上增加一个偏移值 λ_{bias},当 $\lambda_{pico}+\lambda_{bias}\geqslant\lambda_{macro}$ 时,UE 选择接入微小区,否则,选择接入宏小区,其中 λ_{bias} 是个正偏移值。采用覆盖扩张技术,相当于人为扩大了 PeNB 的覆盖范围,因此在 PeNB 扩大区域下的边缘用户(如图 6-49 所示的 PUE2)收到的 MeNB 的下行信号将强于 PeNB 的下行信号,如果不采取有效的干扰协调机制,处于 PeNB 扩张区域内的边缘用户将无法正常通信。

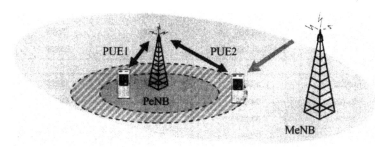

图 6-49　Macro＋Pico 场景的下行干扰

（2）Home e-NodeB 干扰 MUE

如图 6-50 所示，当 MUE 位于 Home e-NodeB 附近时，会受到一定的干扰，这一干扰在 CSG 小区下尤为显著。

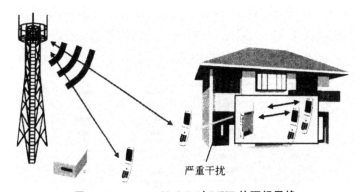

图 6-50　Home e-NodeB 对 MUE 的下行干扰

（3）MUE 对 Home e-NodeB 的上行干扰

位于 MeNB 边缘的 Macro UE（MUE），由于功率控制的原因会以较大功率发射，如果此时 MUE 附近有 Home e-NodeB，则 Home e-NodeB 会受到强干扰。这一干扰在 CSG 小区下表现尤为突出。

（4）宏基站对 HUE 的下行干扰

由于宏基站的发射功率较高，当 HUE 位于宏基站附近时，会受到较大的干扰。

3. 干扰协调方法

（1）完全异频的方式

宏基站和覆盖内的 LPN 完全异频，类似分层网的情况，此时基本无干扰。

(2)基于载波聚合的方式

两种节点的控制信道可以位于不同的成员载波上,业务信道可以共道传输。

(3)非载波聚合的方式

LTE-A 通过时域干扰协调的方法来正交化两种节点的控制信道。时域方法是指适用于 FDD 和 TDD 系统的几乎空子帧(Almost Blank Subframe,ABS)方法(图 6-51)。具体地说,当受干扰严重的 Pico UE 在接收 Pico 基站的下行子帧时,宏基站将发送 ABS 子帧,以减少对边缘 Pico UE 的下行信道干扰。ABS 子帧只传输 CRS、CSI-RS、PBCH、PSS、SSS、Paging 和 SIB1 等信息,不传输数据业务。ABS 子帧也可被配置为 MBSFN 子帧,此时,ABS 子帧中仅在前几个 OFDM 符号中出现 CRS。

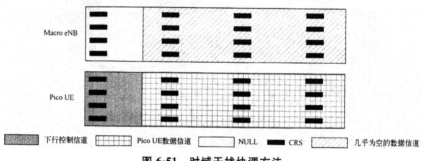

图 6-51　时域干扰协调方法

第7章 第五代移动通信技术

移动通信已经深刻地改变了人们的生活,但人们对更高性能移动通信的追求从未停止。为了应对未来爆炸性的移动数据流量增长、海量的设备连接、不断涌现的各类新业务和应用场景,第五代移动通信(5G)系统将应运而生。

7.1 5G 需求与愿景

7.1.1 5G 总体愿景

20 世纪 80 年代,第一代移动通信诞生,"大哥大"出现在了人们的视野中。从此,移动通信对人们日常工作和生活的影响与日俱增。移动通信发展回顾如图 7-1 所示。1G,"大哥大"作为高高在上的身份象征;2G,手机通话和短信成为了人们日常沟通的一种重要方式;3G,人们开始用手机上网、看新闻、发彩信;4G,手机上网已经成为了基本功能,拍照分享、在线观看视频等,已经成了手机上网能做的再熟悉不过的事情。人们的沟通方式、了解世界的方式,已经因移动通信而改变。想要知道更多,想要更自由地获取更多信息的好奇心,不断驱动着人们对更高性能移动通信的追求。可以预见,未来的移动数据流量将爆炸式地增长、设备连接数将海量增加、各类新业务和应用场景将不断涌现。这些新的趋势,对于现有网络来说将会是不可完成的任务,5G 移动通信系统应运而生。

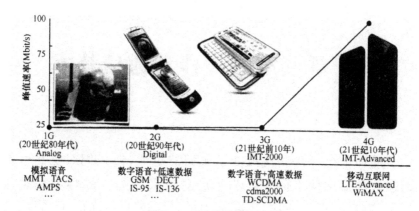

图 7-1 移动通信发展回顾

(引自:刘光毅.5G 移动通信系统:从演进到革命.北京:人民邮电出版社,2016)

5G 作为面向 2020 年及以后的移动通信系统,将深入社会的各个领域,作为基础设施为未来社会的各个领域提供全方位的服务,如图 7-2 所示。5G 将提供光纤般的接入速度,"零"时延的使用体验,使信息突破时空限制,为用户即时呈现;5G 将提供千亿设备的连接能力、极佳的交互体验,实现人与万物的智能互联;5G 将提供超高流量密度、超高移动性支持,让用户随时随地获得一致的性能体验;同时,超过百倍的能效提升和超百倍的比特成本降低,也将保证产业的可持续发展。超高速率、超低时延、超高移动性、超强连接能力、超高流量密度,加上能效和成本超百倍改善,5G 最终将实现"信息随心至,万物触手及"的美好愿景。

图 7-2 5G 深入移动互联网和物联网的各个领域

(引自:http://news.sohu.com/20161018/n470548441.shtml)

7.1.2　驱动力和市场趋势

移动互联网和物联网,是当前及未来移动通信的热门方向。根据 IMT-2020(5G)推进组预测,2020 年相比 2010 年,全球移动数据流量的增长将超过 200 倍,而到了 2030 年更将进一步超过万倍增长;而物联网终端的规模也将在 2020 年达到与人口相当的量级,后续将进一步发展至千亿级别。

移动互联网和物联网的迅猛增长,将为 5G 提供广阔的前景。移动互联网将推动人类社会信息交互方式的进一步升级,为用户提供增强现实、虚拟现实、超高清(3D)视频、移动云等更加身临其境的极致业务体验。各种新业务不仅带来超千倍的流量增长,更是对移动网络的性能提出了挑战,必将推动移动通信技术和产业的新一轮变革。

物联网则是将人与人的通信进一步延伸到人与物、物与物智能互联,使移动通信技术渗透至更加广阔的行业和领域。在移动医疗、车联网、智能家居、工业控制、环境监测等场景,将可能出现数以千亿的物联网设备,缔造出规模空前的新兴产业,并与移动互联网发生化学反应,实现真正的"万物互联"。

7.1.3　5G 的能力指标

基于新的业务和用户需求,以及应用场景,4G 技术不能够满足要求,而且差距很大,特别是在用户体验速率、连接数目、流量密度、时延方面差距巨大,如图 7-3 所示。

5G 将以可持续发展的方式,满足未来超千倍的移动数据增长需求,为用户提供光纤般的接入速率,"零"时延的使用体验,千亿设备的连接能力,超高流量密度、超高连接数密度和超高移动性等多场景的一致服务,业务及用户感知的智能优化,同时将为网络带来超百倍的能效提升和超百倍的比特成本降低。

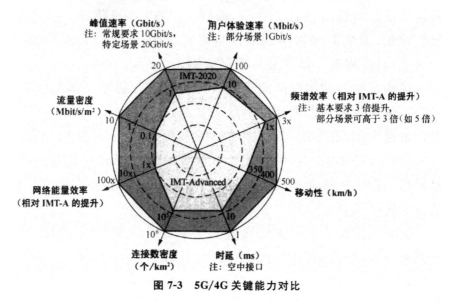

图 7-3　5G/4G 关键能力对比

7.2　5G 网络架构

未来的 5G 网络与 4G 相比,网络架构将向更加扁平化的方向发展,控制和转发进一步分离,网络可以根据业务的需求灵活动态地进行组网,从而使网络的整体效率得到进一步提升,主要表现在以下几个方面:网络性能更优质;网络功能更灵活;网络运营更智能;网络生态更友好。

7.2.1　5G 网络架构设计

5G 网络架构示例如图 7-4 所示,主要设计理念如下。

①业务下沉与业务数据本地化处理。

②用户与业务内容的智能感知。

③支持多网融合与多连接传输。

④基于软化和虚拟化技术的平台型网络。

⑤基于 IT 的网络节点支持灵活的网络拓扑与功能分布。

⑥网络自治与自优化。

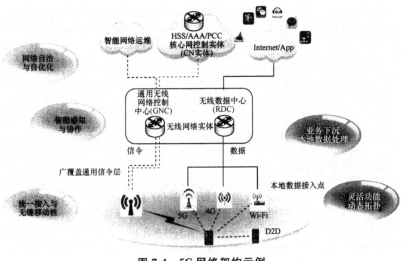

图 7-4　5G 网络架构示例

7.2.2　NFV 与 SDN

1. NFV 技术

网络功能虚拟化（Network Functions Virtualization，NFV），简单理解就是把电信设备从目前的专用平台迁移到通用的 COTS 服务器上，以改变当前电信网络过度依赖专有设备的问题。在 NFV 的方法中，各种网元变成了独立的应用，可以灵活部署在基于标准的服务器、存储、交换机构建的统一平台上，从而实现软硬件解耦，每个应用可以通过快速增加/减少虚拟资源来达到快速缩容/扩容的目的。

NFV 定义了一个通用平台，支持各种网络的虚拟化。NFV

的架构如图 7-5 所示。

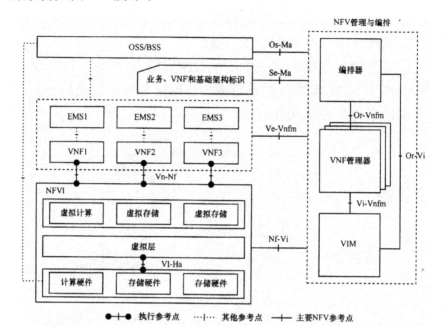

图 7-5　NFV 架构

NFV 技术主导的软硬件解耦、硬件资源虚拟化、调度和管理平台化的特点,正好符合 5G 网络架构的技术特征,其在 5G 移动网络构建中具体可带来如下收益。

①硬件设施 IT 化,降低设备成本。

②硬件资源通用化,降低 TCO。

③功能软件化,业务部署灵活。

④业务组件化,促进网络能力开放和增值业务创新。

⑤部署自动化,加速业务的开通周期(图 7-6)。

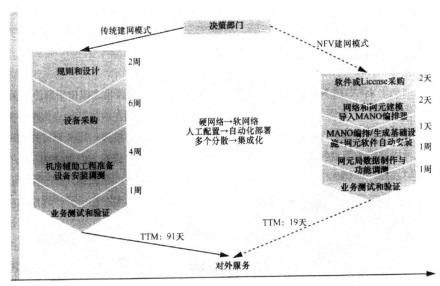

图 7-6　传统建网模式与虚拟化建网模式业务部署周期对比

2. SDN 技术

软件定义网络（Software Defined Networking，SDN）架构的逻辑视图如图 7-7 所示。

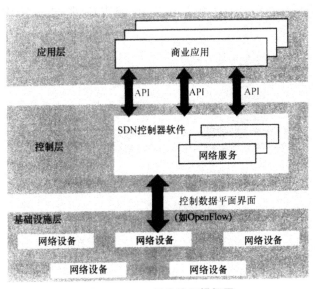

图 7-7　SDN 架构的逻辑视图

SDN 的核心技术 OpenFlow 通过将网络设备控制面与转发面分离开来，从而实现了网络流量的灵活控制，为核心网络及应用的创新提供了良好的平台，如图 7-8 所示。

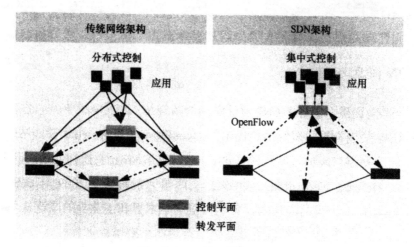

图 7-8 SDN 控制接口标准化

SDN 控制与转发相分离的特性，为 5G 网络架构带来了极大的好处。具体作用体现如下。

（1）网关设备的 SDN 化

网关设备的 SDN 化可以给网络带来很多有益的变化，具体如下：

①提升转发性能（图 7-9）。

图 7-9 GW SDN 化提升转发性能

（a）现状；（b）SDN 化

②提升网络可靠性（图 7-10）。

③促进网络扁平化部署（图 7-11）。

④提升业务创新能力（图 7-12）。

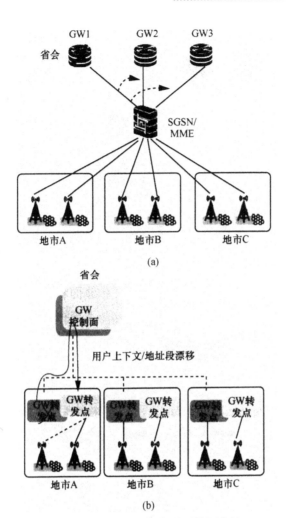

图 7-10　GW SDN 化提升网络可靠性

（a）现状；（b）SDN 化

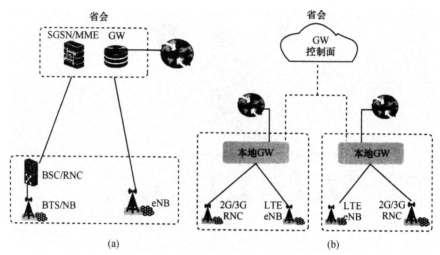

图 7-11　GW SDN 化促进扁平化组网

（a）现状；（b）SDN 化

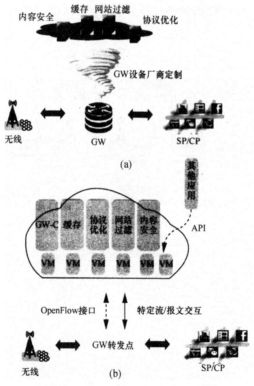

图 7-12　GW SDN 化促进业务创新

（a）现状；（b）SDN 化

（2）业务链的灵活编排

在移动网络中,GW 和业务网络之间存在一些业务增值服务器,如协议优化、流量清洗、缓存(Cache)、业务加速等。这些增值服务器通过静态配置的方式串在网络中,想要对其进行增减和前后位置的调整都很麻烦,不够灵活,而且因为拓扑架构的静态化,很多业务流不管要不要用到相关增值服务,都会从这些增值服务器上通过,这也增加了这些增值服务器的负担。引入基于 SDN的业务链编排技术,可以有效解决这个难题。

如图 7-13 所示,通过 SDN 控制器,可以灵活动态地配置业务流所走的路径,通过 OpenFlow 接口下发到各个转发点。在进行流量调度时,首先对流量进行分类,根据分类结果决定业务流的路径。转发点依据定义好的路径转发给下一个服务节点。以后的服务节点也只需要根据路径信息决定下一个服务节点,不需要重新对流进行分类。采用动态业务链可以使运营商更灵活快速地部署新业务,为运营商提供了开发新业务的灵活模式。

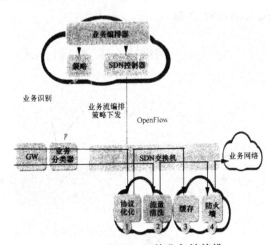

图 7-13　基于 SDN 的业务链编排

（3）网络服务自动化编排

NFV 网络架构中,通过网络编排器实现虚拟网元的生命周期管理工作,通过网络编排器创建完虚拟网元后,一个个独立的虚拟网元还无法组成一个可以对外服务的网络,一般需要将若干个相关的虚拟网元按照一定的逻辑组织起来才能对外提供完整的服务。如一个 EPC 网络中需要包含 MME、SAE GW 和 HSS。SDN 因为提供了通过 SDN 控制器灵活创建和改变网络拓扑的能力。通过网络编排器操控 SDN 控制器就能很方便地将一个个独立的虚拟化网元组织成需要的网络服务,如图 7-14 所示。

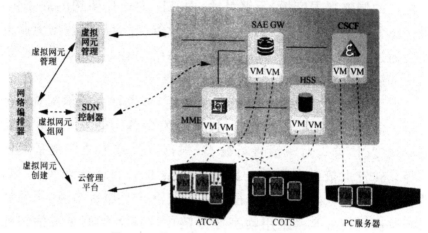

图 7-14　基于 SDN 的 NFV 网络服务编排

3. NFV 和 SDN 的关系

NFV 和 SDN 是两个互相独立的概念,但两者在应用时又可以互相补充,如图 7-15 所示。

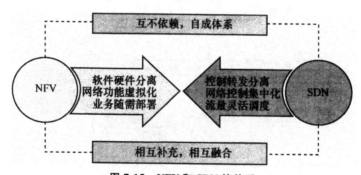

图 7-15　NFV 和 SDN 的关系

NFV 突出的是软硬件互相分离,通过虚拟化技术实现硬件资源的最大化共享和业务组件的按需部署和调度,主要是为了降低网络建设成本和运维成本,降低运营商 TCO。SDN 突出的是网络的控制与转发分离,通过集中的控制面产生路由策略并指导转发面进行路由转发,从而使网络拓扑和业务路由调度能够更动态、更灵活。此外,SDN 控制器提供的开放的北向接口,使第三方软件也可以很方便地进行网络流量的灵活调度,更利于业务创新。

将两者相结合,采用 SDN 实现电信网络的业务控制逻辑与报文转发相分离,采用 NFV 虚拟化技术和架构来构建电信网络中的一个个业务控制组件,使电信网络不但可以按照不同客户需求进行自适应定制,根据不同网络状态进行自适应调整,还可以根据不同用户和业务特征,进行自适应增值,如图 7-16 所示。

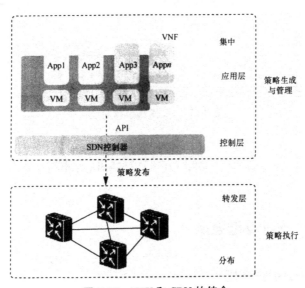

图 7-16 NFV 和 SDN 的结合

4.基于 NFV 和 SDN 的 5G 网络架构展望

展望 5G 网络总体架构,按照功能定位的不同,如图 7-17 所示,大致可以分为软件定义的网络转发域、虚拟化的网络控制功能域、跨域协调管理 3 类域。

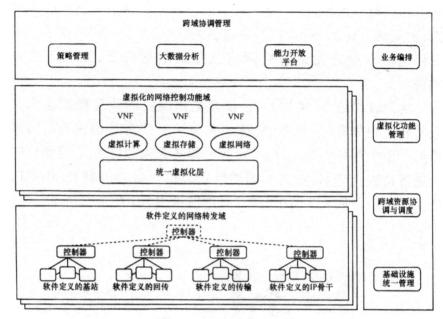

图 7-17　5G 网络架构展望

7.3　5G 无线传输技术

7.3.1　MIMO 增强技术

1. Massive MIMO

Massive MIMO 和 3D MIMO 是下一代无线通信中 MIMO 演进的最主要的两种候选技术,前者其主要特征是天线数目的大量增加,后者其主要特征是,在垂直维度和水平维度均具备很好的波束赋形的能力。虽然 Massive MIMO 和 3D MIMO 的研究侧重点不一样,但在实际的场景中往往会结合使用,存在一定的耦合性,3D MIMO 可算作 Massive MIMO 的一种,因为随着天线数目的增多,3D 化是必然的。因此 Massive MIMO 和 3D MIMO 可以作为一种技术来看待,在 3GPP 中称之为全维度 MIMO(FD-MIMO)。

相比传统的 2D-MIMO，一方面，3D-MIMO 可以在水平和垂直维度灵活调整波束方向，形成更窄、更精确的指向性波束，从而极大地提升终端接收信号能量，增强小区覆盖；另一方面，3D-MIMO 可充分利用垂直和水平维的天线自由度，同时同频服务更多的用户，极大地提升系统容量，还可通过多个小区垂直维波束方向的协调，起到降低小区间干扰的目的。

当发射端天线数量很多时，系统容量与接收天线数量呈线性关系；而当接收端天线数量很多时，系统容量与发射天线数目的对数呈线性关系。大规模 MIMO 不仅能够提高系统容量，还能够提高单个时频资源上可以复用的用户数目，以支持更多的用户数据传输。

在天线数目很多的情况下，仅仅使用简单低复杂度的线性预编码技术就可以获得接近容量的性能，天线数量越多，速率越高，如图 7-18 所示。而且随着天线数目的增多，传统的多用户预编码方法 ZFBF 会出现一个下滑的现象，而对于简单的匹配滤波器方法 MRT，则不会出现，如图 7-19 所示，主要是因为随着天线数目的增多，用户信道接近正交，并不需要特别的多用户处理。

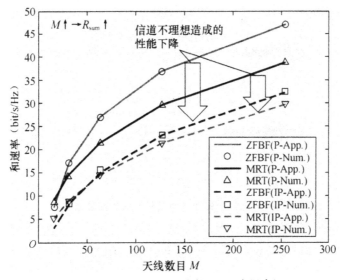

图 7-18　速率 V. S. 天线数目（10 个用户）

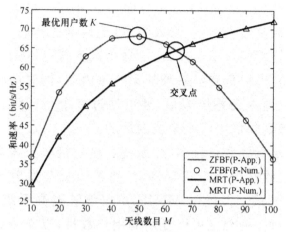

图 7-19　速率 V. S. 用户数目（128 个天线）

　　依据大数定理，当天线数量趋近无穷时，匹配滤波器方法已经是优化方法了。不相关的干扰和噪声也都被消除，发射功率理论上可以任意的小，如图 7-20 所示。即利用大规模 MIMO，消除了信道的波动，同时也消除了不相关的干扰和噪声。而且复用在相同时频资源上的用户，其信道具备良好的正交特性。

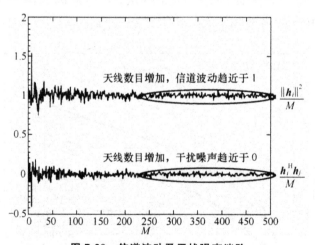

图 7-20　信道波动及干扰噪声消除

　　在基站端部署大规模 MIMO，满足速率要求的条件下，UE 的发射功率可以任意小，天线数目越多，用户所需的发射功率越小，如图 7-21 所示。

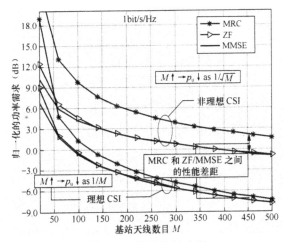

图 7-21　降低发射功率

大规模 MIMO 除了能够极大地降低发射功率外,还能够将能量更加精确地送达目的地。随着天线规模的增大,可以精确到一个点,具备更高的能效,如图 7-22 所示。同时场强域能够定位到一个点,就可以极大地降低对其他区域的干扰,能够有效消除干扰。

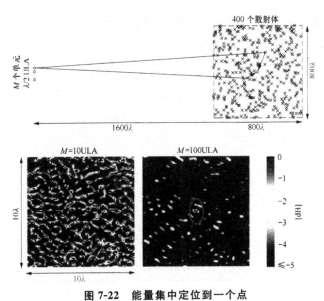

图 7-22　能量集中定位到一个点

2. 网络 MIMO

单小区 MIMO 技术经过长期的发展,其巨大的性能潜力已经被理论和实际所证实,可作为高速传输的主要手段。当信噪比较低时,发射端和接收端配置多根天线可以提高分集增益,通过将多路发射信号进行合并可以提高用户的接收信噪比。而当信噪比较高时,MIMO 技术可以提供更高的复用增益,多路数据并行传输,使系统传输速率得到成倍的提高。由此可见,MIMO 技术提供高频谱效率的条件除了天线数目之外,更重要的是用户必须具备较高的信噪比。

而在蜂窝系统中,特别是全频带复用的蜂窝系统中,用户不仅要面对不同数据流间的干扰、多用户间的干扰和噪声,还要面对邻小区的 MIMO 干扰。已知和未知 ICI 信息时,系统的中断性能如图 7-23 所示。由图可见,收发天线数目越多,性能反而越差。很显然,空分复用与系统高负载要求严重冲突。

特别是对于小区边缘用户来说更是如此,为了提高小区边缘用户的性能,降低干扰对系统的不利影响,需要对干扰进行有效的管理和抑制。为此 R11 中新增了传输模式 TM10,即多点协作传输技术。

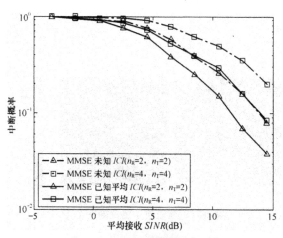

图 7-23 　 MIMO 蜂窝系统中断概率

3GPP 中定义了 4 种 CoMP 应用场景——同构网络中的站内 (intra-site) 和站间 (inter-site)CoMP、HetNet 中的低功率 RRH、宏小区内的低功率 RRH，如图 7-24 所示。

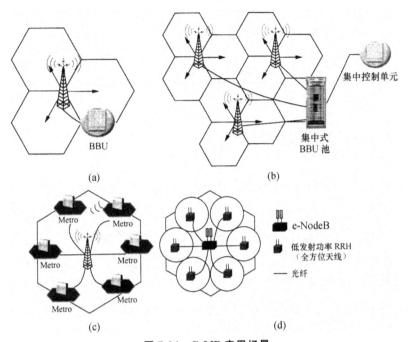

图 7-24　CoMP 应用场景
（a）同构网络中的站内 CoMP；（b）同构网络中的站间 CoMP；
（c）HetNet 中的低功率 RRH；（d）宏小区内的低功率 RRH

同构网络中的站内 CoMP：主要指的是 e-NodeB 内的协作传输。

同构网络中的站间 CoMP：主要指的是利用 BBU 组成 BBU 池，形成一个集中控制单元。

HetNet 中的低功率 RRI-I：RRH 的小区 ID 与宏小区不同。

宏小区内的低功率 RRH：RRH 的小区 ID 与宏小区相同。

网络部署需要考虑众多影响因素，第一个是部署网络的环境，是同构网络还是异构网络；部署 CoMP 需要考虑回传的能力，即交互是通过 X2 接口还是在相同的 BBU 内部交互；以及网络中 R11 UE 的数量，需要 R11 UE 才能获得较好的增益，汇总见表 7-1。

表 7-1　网络部署

	协作方式	协作深度
同构网络	X2 接口	中等协作
	站内 CoMP	紧密协作
异构网络	X2 接口	中等协作
	相同 BBU	紧密协作

7.3.2　新型多址技术

面对 5G 通信中提出的更高频谱效率、更大容量、更多连接以及更低时延的总体需求,5G 多址的资源利用必须更为有效,传统的 TDMA/FDMA、CDMA、OFDMA 等正交多址技术已经无法适应未来 5G 爆发式增长的容量和连接数需求。因此,在近两年的国内外 5G 研究中,资源非独占的用户多址接入方式广受关注。在这种多址接入方式下,没有任何一个资源维度下的用户是具有独占性的,因此在接收端必须进行多个用户信号的联合检测。得益于芯片工艺和数据处理能力的提升,接收端的多用户联合检测已成为可实施的方案。

除了放松正交性限制,引入资源非正交共享的特点外,为了更好地服务从 eMBB 到物联网等不同类型的业务,5G 的新型多址技术还需要具备以下几方面的能力:

①顽健地抑制由非正交性引入的用户间干扰,有效提升上下行系统吞吐量和连接数。

②简化系统的调度,顽健地为移动用户提供更好的服务体验。

③支持低开销、低时延的免调度接入和传输方式以及以用户为中心的协作网络传输。

为了满足以上需求,5G 新型多址的设计将从物理层最基本的调制映射等模块出发,引入功率域和码率的混合非正交编码叠加,同时在接收端引入多用户联合检测来实现非正交数据层的译码,其统一框架如图 7-25 所示。

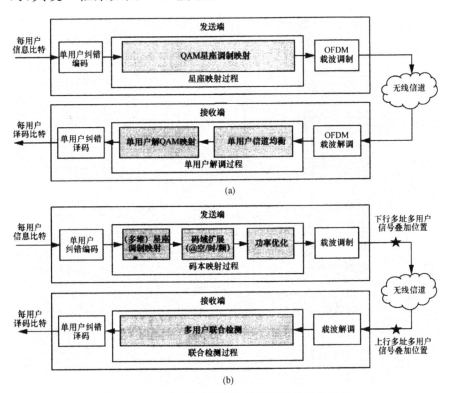

图 7-25　4G 与 5G 多址接入物理层过程抽象框架

(a)现有 4G 网络正交多址接入物理层过程;

(b)未来 5G 网络码域和功率域非正交多址接入物理层过程

1. PDMA

PDMA 是以多用户信息论为基础,在发送端利用图样分割技术对用户信号进行合理的分割,在接收端进行相应的串行干扰消除,可以接近多址接入信道(MAC)的容量界限。用户的图样设计可以在空域、码域、功率域独立进行,也可以联合进行。图样分割技术通过在发送端利用用户特征图样进行相应的优化,加大不同用户间的区分度,从而改善接收到 SIC 干扰消除的性能,如图 7-26 所示。

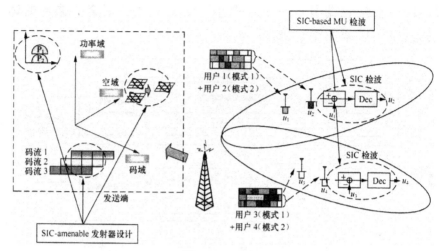

图 7-26　PDMA

　　功率域 PDMA,主要依靠功率分配、时频资源与功率联合分配、多用户分组实现用户区分,如图 7-27 所示。

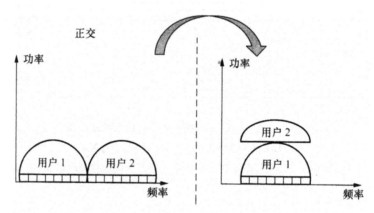

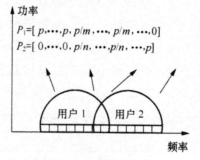

$$P_1=[\ p,\cdots,p,\ p/m,\cdots,\ p/m,\cdots,0]$$
$$P_2=[\ 0,\cdots,0,\ p/n,\cdots,p/n,\cdots,p]$$

图 7-27　功率域 PDMA

码域 PDMA,通过不同码字区分用户。码字相互重叠,且码字设计需要特别优化。与 CDMA 不同的是,码字不需要对齐,如图 7-28 所示。

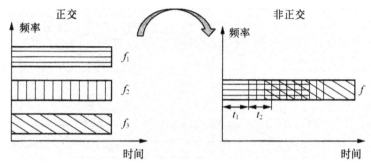

图 7-28　码域 PDMA

空域 PDMA,主要是应用多用户编码方法实现用户区分,如图 7-29 所示。

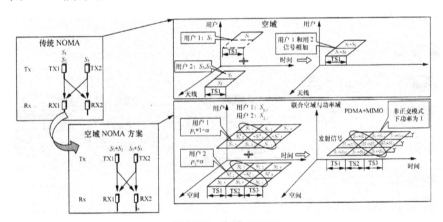

图 7-29　空域 PDMA

2. SCMA

(1)SCMA 基本概念

SCMA(Sparse Code Multiple Access,稀疏码多址接入)是在 5G 新需求推动下产生的一种能够显著提升频谱效率、极大提升同时接入系统用户数的先进的非正交多址接入技术。这种结构具有很好的灵活性,通过码本设计和映射实现不同维度的资源叠加使用,其原理框架如图 7-30 所示。

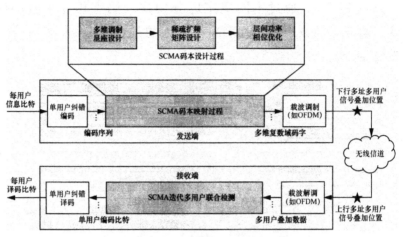

图 7-30　SCMA 物理层过程抽象框架

SCMA 发送端调制映射示意如图 7-31 所示。可以看到,基于 SCMA 的多址接入方式具有如下特点:码域叠加、稀疏扩展、多维调制。

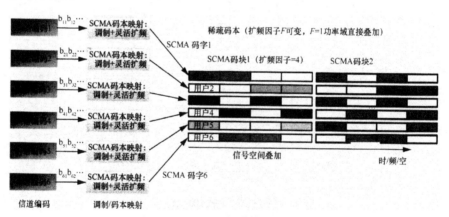

图 7-31　SCMA 调制映射发送过程

图 7-31 中,多路数据流在信号空间叠加的过程还可以用图 7-32 所示的二分图来形象地描述。图中共有 6 个变量节点和 4 个校验节点。每个变量节点代表一个数据流,每个校验节点代表可用于传输数据的一个基本资源单元,例如,LTE 中的资源粒子(RE)。对于一个 SCMA 码本,校验节点的数目等于扩频因子长度。变量节点和校验节点之间的连线表示经 SCMA 码本映射后,该变量节点所代表的数据流会在该校验节点所代表的资源单

元上发送非零的调制符号，例如，数据流 x_3 在资源单元 y_1 和 y_2 上发送非零调制符号，而在资源单元 y_3 和 y_4 上不发送。当变量节点的数目超过校验节点的数目时，系统形成过载，同一个资源单元上可能会发送多个数据流的调制符号，例如，资源单元 y_3 上同时发送来自数据流 x_2、x_4 和 x_6 的数据。

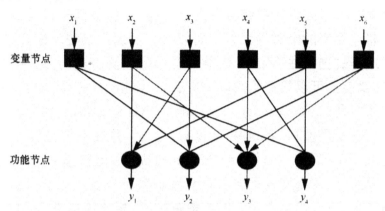

图 7-32　SCMA 稀疏扩频结构的二分图描述

（2）SCMA 码本设计

如图 7-30 所示，基于 SCMA 的接入系统，其发送端实现十分简单，只需基于预先设计并存储好的 SCMA 码本进行编码比特到 SCMA 码字的映射，而决定这种系统性能的核心之一，就是 SCMA 码本设计。SCMA 的码本设计是一个多维空间的优化问题，即多维调制和稀疏扩频的联合优化问题。在实际设计中，为了降低优化设计复杂度，也可以分步或迭代进行稀疏扩频矩阵的设计和多维调制的优化。SCMA 码本结构如图 7-33 所示。这里所说的 SCMA 码本，其实是一个码本集合，它包含 J 个码本，每个对应一个数据层，其维度为 M 行 M 列，M 为此码本对应的有效调制阶数（图中 $M=8$）。

　　低密度扩频矩阵本质定义了数据流与资源单元之间的稀疏映射关系,也可以由图 7-32 所示的二分图表示。设矩阵共行列(图 7-32 中 $K=4$,$J=6$),每一行表示一个校验节点,每一列表示一个变量节点,元素为 1 的位置表示对应变量节点所代表的数据流会在对应校验节点所代表的资源单元上发送非零的调制符号。低密度扩频矩阵设计要综合考虑接入层数、扩频因子以及每个码字中非 0 元素的个数等因素。类似 LDPC 编码的校验矩阵设计,扩频矩阵的选择并不唯一,其结构会影响检测算法的复杂度和性能,这就使得可以根据检测算法有针对性地设计矩阵结构。低密度扩频序列(Low Density Signature,LDS)是 SCMA 的一种实现特例。它采用 LTE 系统中的 QAM 调制,并在非零位置上简单重复 QAM 符号。这种设计方法虽然简单,但频谱效率损失严重。因此,SCMA 稀疏码本的设计在扩频矩阵设计之上引入多维调制概念,联合优化符号调制与稀疏扩频,相比简单进行 LDS,获得额外的编码增益(Coding Gain)和成形增益(Shaping Gain),从而获得更好的链路和系统性能。

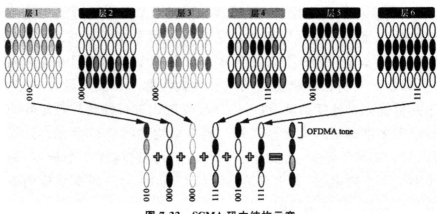

图 7-33　SCMA 码本结构示意

　　多维调制星座的设计可采用信号空间分集(Signal Space Diversity)技术,在码字的非零元素间引入相关性。一种简化的设计方法是先找到具有较好性能的多维调制母星座(Mother Constellation),然后对母星座进行逐层的功率和相位优化运算来获得各数据层星座设计。母星座的设计通常遵循以下一些基本准则,如最大化任意两个星座点间的欧式距离(Euclidian Distance)、最小积距离(Product Distance)准则以及最小化星座的最小相邻点数(Kissing Number)准则等。

此外,为降低多用户联合检测接收机的计算复杂度,限制发送端发送信号 PAPR 等问题,可以进一步对稀疏码本进行优化,以期获得性能和特定目标的折中。图 7-34 展示了一种采用降阶投影(Low Projection)后得到的压缩多维星座点设计,即在保持每一复数维星座传递信息仍为 2bit(00,01,10,11)的前提下,在每一维上搜索的实际星座点数变成了 3(第一维上 01 与 10 在零点重合,第二维上 00 与 11 在零点重合),从而有效减小多数据流联合星座解调时的搜索空间。同时,只要在投影时保证任何一个星座点不会同时在两维上均重叠,就仍然能够在接收端解调恢复出原始信息比特,这是传统单维调制所不具备的优势。4 点码本映射到 3 点所减少的复杂度并不算太多,但随着调制阶数的升高,有效降低投影后星座点会极大降低复杂度。此外,图示的多维星座码本设计的另一个非常值得一提的地方在于,虽然这个码本的每个码字有 2 个非零元素,但由于这种降阶投影的特殊设计,在映射到频域资源后,每个码字仅在一个频域资源粒子上传输非零符号(如 11 仅在第一个非零位置有能量,而 01 仅在第二个非零位置有能量)。这一特性带来的好处是,当使用的子载波数量等于 SCMA 码字扩展长度的时候,这样的码本可以实现零峰均比(Zero PAPR)传输,非常适合未来物联网中传输数据量很小且造价十分便宜的终端设备使用。

SCMA 低阶投影多维调制星座设计示意如图 7-34 所示。2bit 信息在每个非零位上仅需映射为 3 种可能的星座点,且任意 2bit 传输时,每个码字扩展长度内仅有一个横模的非零值。

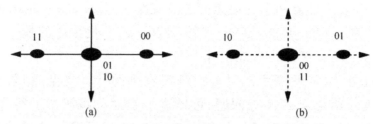

图 7-34　SCMA 低阶投影多维调制星座设计示意

(a)第一个非零位置星座图；(b)第二个非零位置星座图

（3）SCMA 低复杂度接收机设计

与正交接入相比，过载的非正交接入由于容纳了更多数据流而提升了系统整体吞吐率，但也因此增加了接收端的检测复杂度。然而，对于 SCMA 来说，过载带来的接收检测复杂度是可以承受的，并能在可控的复杂度内实现近似最大似然译码的检测性能。SCMA 译码端多用户联合检测的复杂度主要通过以下两个因素来控制：第一是利用 SCMA 码字的稀疏性，从而可以采用在因子图上进行消息传递算法（Message Passing Algorithm，MPA），在获得近似最大似然检测（Maximum Likelihood Detection)性能的同时有效限制复杂度；第二是在 SCMA 多维码字设计时，采用降阶投影的星座点缩减技术，使得实际需要解调的星座点数远小于有效星座点数，从而大大减少算法搜索空间。具体来说，多层叠加后的星座点搜索空间为每一层可能星座点数的乘积，因此 MPA 的复杂度星座点数 M 及每个物理资源（功能节点）上叠加的符号层数直接相关。控制码字的稀疏扩频矩阵设计可以控制的大小，而低阶投影星座设计则直接减小 M 共同作用可进一步降低译码复杂度。当然，除了这次通过码本设计来降低复杂度的方法。

此外，为进一步提升译码性能，消除多数据层之间的干扰，还可以将 MPA 译码与 Turbo 信道译码（或其他信道译码）相结合。具体而言，可以将 Turbo 译码输出的软信息返回给 MPA 作为联合检测的先验信息，重复多数据流（用户）联合检测和信道译码的过程，以进一步提升接收机性能，这一过程被称为 Turbo-MPA 外迭代过程。当叠加的 SCMA 层数较多、层间干扰较大时，Turbo-MPA 可以带来可观的链路性能增益。

（4）SCMA 应用场景

SCMA 被应用于包括海量连接、增强吞吐量传输、多用户复用传输、基站协作传输等未来 5G 通信的各种场景，如图 7-35 所示。

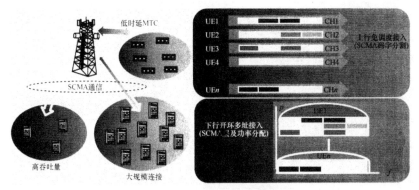

图 7-35　SCMA 应用场景举例

3. MUSA

多用户共享接入（Multi-User Shared Access，MUSA）技术是完全基于更为先进的非正交多用户信息理论的。MUSA 上行通过创新设计的复数域多元码以及基于串行干扰消除（SIC）的先进多用户检测，让系统在相同的时频资源上支持数倍用户数量的高可靠接入；并且可以简化接入流程中的资源调度过程，因而可大大简化海量接入的系统实现，缩短海量接入的接入时间，降低终端的能耗，如图 7-36 所示。MUSA 下行则通过创新的增强叠加编码及叠加符号扩展技术，可提供比主流正交多址更高容量的下行传输，同样能大大简化终端的实现，降低终端能耗，如图 7-37 所示。

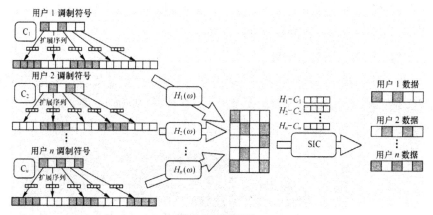

图 7-36 MUSA

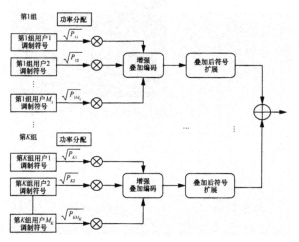

图 7-37 MUSA 下行方案框架

7.3.3 双工技术

1. 灵活双工

一方面,上行和下行业务总量的爆发式增长导致半双工方式已经在某些场景下不能满足需求。另一方面,随着上下行业务不对称性的增加以及上下行业务比例随着时间的不断变化,传统LTE 系统中 FDD 的固定成对频谱使用和 TDD 的固定上下行时隙配比已经不能够有效支撑业务动态不对称特性。灵活双工充分考虑了业务总量增长和上下行业务不对称特性,有机地将 TDD、FDD 和全双工融合,根据上下行业务变化情况动态分配上下行资源,有效提高系统资源利用率,可用于低功率节点的微基站,也可以应用于低功率的中继节点。

灵活双工可以通过时域和频域的方案实现。在 FDD 时域方案中,每个小区可根据业务量需求将上行频带配置成不同的上下行时隙配比。在频域方案中,可以将上行频带配置为灵活频带以适应上下行非对称的业务需求,如图 7-38 所示。同样地,在 TDD 系统中,每个小区可以根据上下行业务量需求来决定用于上下行传输的时隙数目,实现方式与 FDD 中上行频段采用时隙方案类似。

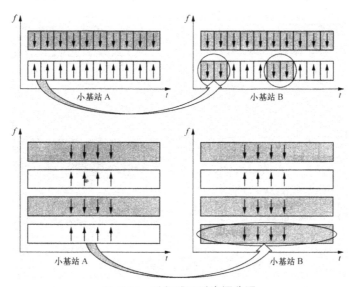

图 7-38　时频域灵活资源分配

灵活双工主要包括 FDD 演进、动态 TDD、灵活回传,以及增强型 D2D。

在传统的宏、微 FDD 组网下,上下行频率资源固定,不能改变。利用灵活双工,宏小区的上行空白帧可以用于微小区传输下行资源。即使宏小区没有空白帧,只要干扰允许,微小区也可以在上行资源上传输下行数据,如图 7-39 所示。

灵活双工的另一个特点是有利于进行干扰分析。在基站和终端部署了干扰消除接收机的条件下,可以大幅提升系统容量,如图 7-40所示。动态 TDD 中,利用干扰消除可以提升系统性能。

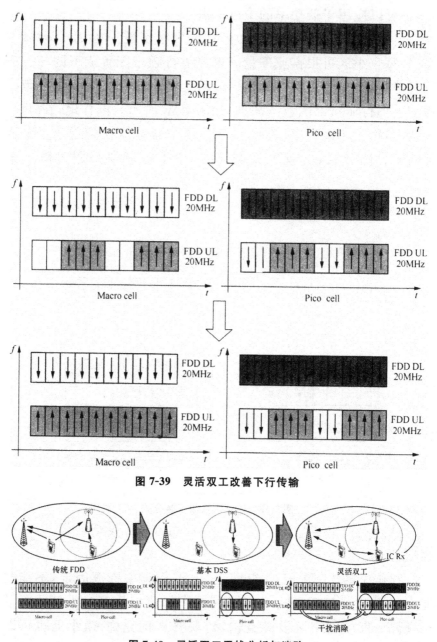

图 7-39　灵活双工改善下行传输

图 7-40　灵活双工干扰分析与消除

利用灵活双工,进一步增强无线回传技术的性能,如图 7-41 所示。

图 7-41　灵活双工微小区提升 2 倍性能

2. 全双工

提升 FDD、TDD 的频谱效率,消除频谱资源使用管理方式的差异性是未来移动通信技术发展的目标之一。基于自干扰抑制理论,从理论上说,全双工可以提升一倍的频谱效率,如图 7-42 所示。

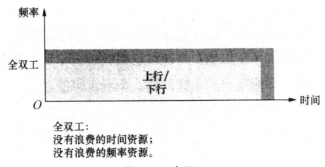

图 7-42　全双工

(1)自干扰抑制技术

全双工的核心问题是本地设备的自干扰如何在接收机中进行有效抑制。目前的抑制方法主要是在空域、射频域、数字域联合干扰抑制,如图 7-43 所示。空域自干扰抑制通过天线位置优化、波束陷零、高隔离度实现干扰隔离;射频自干扰抑制通过在接收端重构发射干扰信号实现干扰信号对消;数字自干扰抑制对残余干扰做进一步的重构以进行消除。

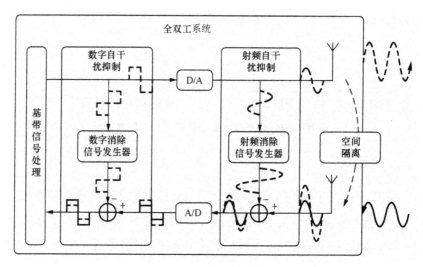

图 7-43　干扰抑制

（2）组网技术

全双工改变了收发控制的自由度，改变了传统的网络频谱使用模式，将会带来多址方式、资源管理的革新，同时也需要与之匹配的网络架构，如图 7-44 所示。

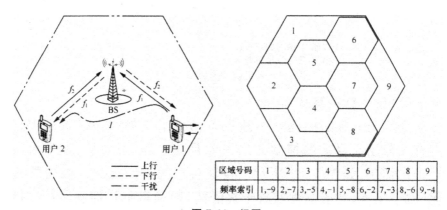

区域号码	1	2	3	4	5	6	7	8	9
频率索引	1,−9	2,−7	3,−5	4,−1	5,−8	6,−2	7,−3	8,−6	9,−4

图 7-44　组网

1）全双工蜂窝系统

基站处于全双工模式下，假定全双工天线发射端和接收端处的自干扰可以完全消除，基于随机几何分布的多小区场景分析，在比较理想的条件下，依然会造成较大的干扰，如图 7-45 所示，因此需要一种优化的多小区资源分配方案。

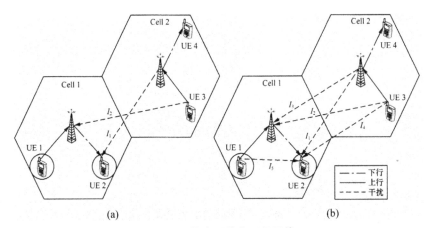

图 7-45　蜂窝系统上下行干扰

（a）传统蜂窝系统；（b）单载波全双工蜂窝系统

2）分布式全双工系统

通过优化系统调度挖掘系统性能提升的潜力。在子载波分配时，考虑上下行双工问题，并考虑了资源分配时的公平性问题，如图 7-46 所示。

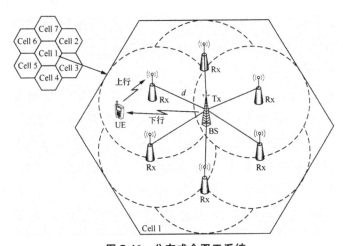

图 7-46　分布式全双工系统

3）全双工协作通信

收发端处于半双工模式，中继节点处于全双工模式，即为单向全双工中继，如图 7-47 所示。此模式下中继可以节约时频资源，只需一半资源即可实现中继转发功能。中继的工作模式可以是译码转发、直接放大转发等模式。

收发端和中继均工作于全双工模式,如图 7-48 所示。

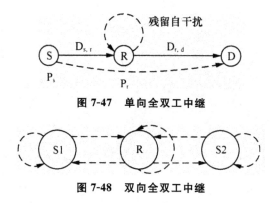

图 7-47　单向全双工中继

图 7-48　双向全双工中继

7.3.4　多载波技术

1. OFDM 改进

围绕新的业务需求,业界提出了多种新型多载波技术,主要包括 F-OFDM、UFMC、FBMC、GFDM 等。这些技术主要是使用滤波技术,降低频谱泄漏,提高频谱效率。

(1)F-OFDM

F-OFDM 能为不同业务提供不同的子载波带宽和 CP 配置,以满足不同业务的时频资源需求,如图 7-49 所示。通过优化滤波器的设计,可以把不同带宽子载波之间的保护频带最低做到一个子载波带宽。F-OFDM 使用了时域冲击响应较长的滤波器,子带内部采用了与 OFDM 一致的信号处理方法,可以很好地兼容OFDM。同时根据不同的业务特征需求,灵活地配置子载波带宽。

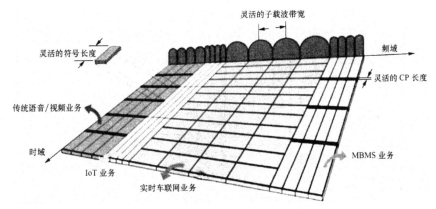

图 7-49　F-OFDM 时频资源分配

（2）UFMC

与 F-OFDM 不同，UFMC 使用冲击响应较短的滤波器，且放弃了 OFDM 中的循环前缀方案。UFMC 采用子带滤波，而非子载波滤波和全频段滤波，因而具有更加灵活的特性。子带滤波的滤波器长度也更小，保护带宽需求更小，具有比 OFDM 更高的效率。UFMC 的发射接收机结构如图 7-50 所示。UFMC 子载波间正交，但是非常适合接收端子载波失去正交性的情况。

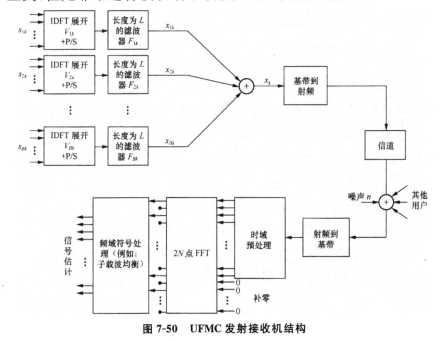

图 7-50　UFMC 发射接收机结构

图 7-51 为 UFMC-IDMA 收发机结构。由于放弃了 CP 的设计，可以利用额外的符号开销来设计子带滤波器。而且这些子带滤波器的长度要短于 FBMC 系统的子载波级滤波器，这一特性更加适合短时突发业务。

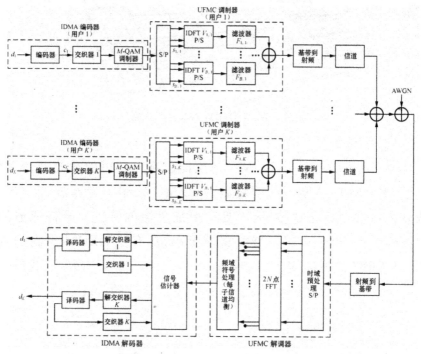

图 7-51　UFMC-IDMA 收发机结构

UFMC 能够极大地降低带外辐射。与传统 OFDM 相比，其带外辐射要明显低得多。UFMC 还具有灵活的单载波支持能力，并且支持单载波和多载波的混合结构，如图 7-52 和图 7-53 所示，其基本思想是包含滤波的信号调制。基于业务特征，可用的子带时隙可专用于不同的传输类型。例如，对于能效要求高的通信，如 MTC 设备，可以使用单载波信号格式，因为具有较低的 PAPR 和更高的放大器效率。UFMC 具有的调制结构如图 7-52 和图 7-53 所示，嵌入滤波器功能通过动态替换滤波器即可实现。此外，单载波还可以通过 DFT 预编码方式来实现，如同 LTE 中的 SC-OFDM。

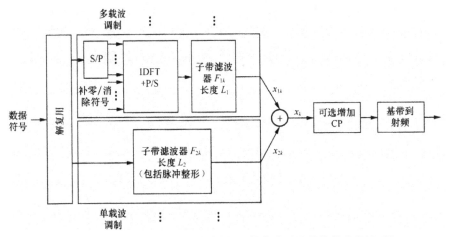

图 7-52　混合单载波/多载波发射机(单载波采用纯粹单载波波形)

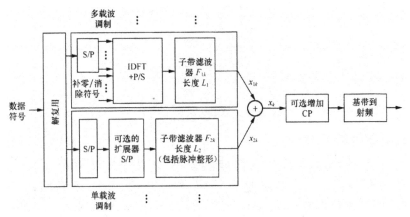

图 7-53　混合单载波/多载波发射机(单载波采用载波扩展)

(3)FBMC

FBMC 是基于子载波的滤波,其在数字域非正交,且不需要 CP,系统开销更低。由于采用子载波滤波的方式,频域响应需要非常的紧凑,这样才能使滤波器时域的长度较长,具有较长的斜坡上升和下降电平区域。

FBMC 具有灵活的多用户异步接收机制,部分频谱就能够利用 FBMC 的优势,在不需要提前获得 FFT 时间对齐信息的条件下高效地进行频域解调。接收机体系结构如图 7-54 所示。一个异步大小为 KN 的 FFT 处理 $\frac{N}{2}$ 个样本点来产生 KN 个数据点,这些数据被存储在内存单元中,FFT 窗口的位置没有与用户接收到的多载波符号对齐。在进行 FBMC 特征滤波前会进行每一个子载波单抽头均衡,然后进行因子 K 的下采样处理和 O-QAM 反转变换处理。

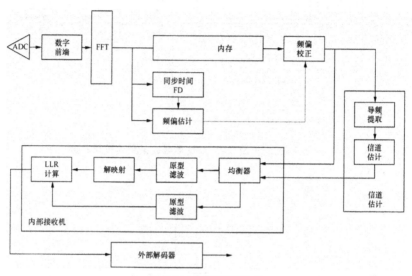

图 7-54　FBMC 接收机

（4）GFDM

GFDM 调制方案通过灵活的分块结构和子载波滤波以及一系列可配置参数,能够满足不同场景的需求,即通过不同的配置满足不同的差错速率性能要求。图 7-55 是其与传统的调制方式的典型差异,GFDM 可以对时间和频率进行更为细致的划分。

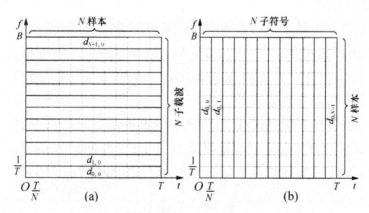

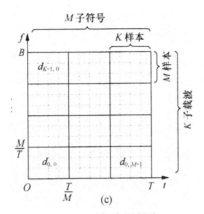

图 7-55　时频资源划分

(a)OFDM;(b)SC-FDE;(c)SC-FDM 和 GFDM

　　脉冲整形滤波器的选择强烈影响着 GFDM 信号的频谱特性和符号差错率。为了利用脉冲整形降低带外辐射,如下两种技术需要配合 GFDM 使用,如图 7-56 所示,不同的方法其带外辐射抑制能力不同。

　　1)插入保护符号(GS)

　　当使用无符号间干扰的发送滤波器和长度为 rK 的 CP 时,将第 0 个和第 $M-r$ 个子符号设置为固定值(如 0)时,可以降低带外辐射,此 GFDM 称之为 GS-GFDM。

　　2)聚拢块边界

　　由于插入 CP 会导致发送数据量的减少,通过在发送端乘以一个窗口

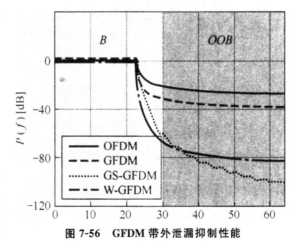

图 7-56　GFDM 带外泄漏抑制性能

函数可以提供一个平滑的带外衰减,此 GFDM 称为 W-GFDM。但是此方法也会导致噪声的放大,可以通过均方根块窗口进行消除,需要发送端和接收端进行匹配滤波处理。

2. 超奈奎斯特技术(FTN)

超奈奎斯特技术,是通过将样点符号间隔设置得比无符号间串扰的抽样间隔小一些,在时域、频域或者两者的混合上使得传输调制覆盖更加紧密,这样相同时间内可以传输更多的样点,进而提升频谱效率。但是 FTN 人为引入了符号间串扰,所以对信道的时延扩展和多普勒频移更为敏感,如图 7-57 所示。接收机检测需要将这些考虑在内,可能会被限制在时延扩展低的场景,或者低速移动的场景中。同时 FTN 对于全覆盖、高速移动的支持不如 OFDM 技术,而且 FTN 接收机比较复杂。FTN 是一种纯粹的物理层技术。

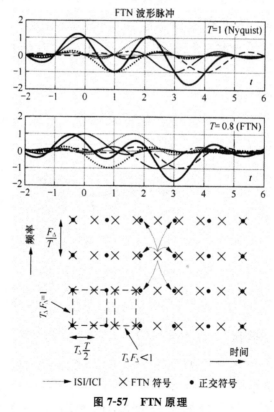

图 7-57 FTN 原理

FTN 作为一种在不增加带宽、不降低 BER 性能的条件下,理论上潜在可以提升一倍速率的技术,其主要的限制在于干扰,主要依赖于所使用的调制方式,如图 7-58 所示。

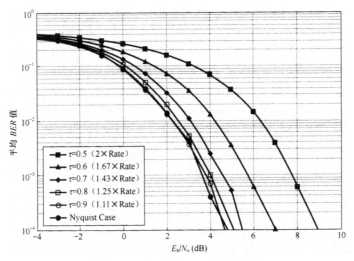

图 7-58　不同采样率的 FTN 性能

如果将 FTN 应用在 5G 中那么需要解决的问题有:移动性和时延扩展对 FTN 的影响;与传统的 MCS 的比较;与 MIMO 技术的结合;在多载波中应用的峰均比的问题。

FTN 可能会作为 OFDM/OQAM 等调制方式的补充,基于不同的信道条件可选择开启或者关闭。OFDM/OQAM/FTN 发送链路如图 7-59 所示。在此方案中,FTN 合并到 OFDM/OQAM 调制方案中。接收端使用 MMSE IC-LE 方案迭代抑制 FTN 和信道带来的干扰。干扰消除分为两步,一是 ICI 消除,二是 ISI 消除。

图 7-60 所示为 SISO MMSE IC-LE 内部结构,其中 ICI 和 ISI 使用反馈进行预测然后分别消除。

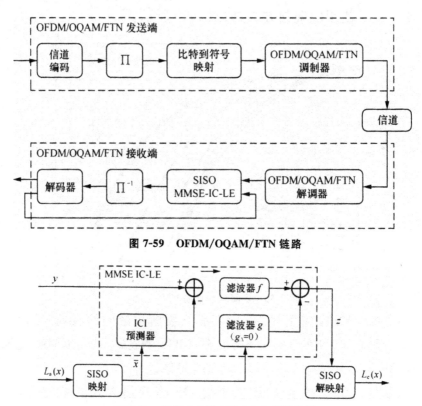

图 7-59　OFDM/OQAM/FTN 链路

图 7-60　SISO MMSE IC-LE 内部结构图

7.3.5　多 RAT 资源协调

5G 网络必然是一个异构网络,程度只会越来越高。作为一个 5G 设备,不仅需要支持新的 5G 标准,还需要支持 3G、不同版本的 LTE(包括 LTE-U)、不同类型的 Wi-Fi,甚至连 D2D 也要支持。这些使得 BS/UE 使用哪个标准、哪个频段成为一个复杂的网络问题,需要多个无线接入网资源的协作,从而提高整个系统的效率,如图 7-61 所示。

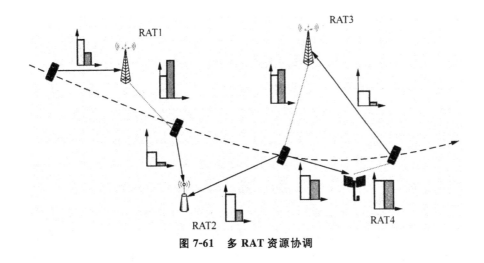

图 7-61　多 RAT 资源协调

7.3.6　调制编码技术

5G 中调制编码技术的方向主要有两个：一个是降低能耗的方向，另一个是进一步改进调制编码技术。技术的发展具有两面性：一方面要提升执行效率、降低能耗；另一方面需要考虑新的调制编码方案，其中新的调制编码技术主要包含链路级调制编码、链路自适应、网络编码。

在未来 5G 系统中，车联网导致的信道快变、业务数据突发导致的干扰突发、频繁的小区切换导致的大量双链接、先进接收机的大量使用等情况将大量出现，外环链路自适应 OLLA 将无法锁定目标 QoS，从而导致信道质量指示信息（CQI）出现失配的严重问题。例如，OLLA 根据统计首传分组的 ACK 或者 NACK 的数量来实现外环链路自适应，这种方法是半静态的（需要几十到几百毫秒），在上述场景下无法有效工作。这里提出的软 HARQ 技术可以帮助终端快速锁定目标的 BLER，从而有效解决传统链路自适应技术中 CQI 的不准确和不快速问题，有效地提高系统的吞吐量。总之，软 HARQ 技术可以改善 CQI 不准确的问题。

软 HARQ 本质上是 CSI 反馈的一种实现方式。在传统 HARQ 中，数据分组被正确接收时接收侧反馈 ACK，否则接收侧反馈 NACK,因此发送侧无法从中获得更多的链路信息。在软 HARQ 中,通过增加少量的 ACK/NACK 反馈比特,接收侧反馈 ACK/NACK 时还可以附带其他信息,包括后验 CSI、当前 SINR 与目标 SINR 差异、接收码块的差错图样、误码块率等级、功率等级信息、调度信息或者干扰资源信息等更丰富的链路信息,帮助发送侧更好地实现 HARQ 重传。总之,软 HARQ 在有限的信令开销以及实现复杂度下实现了链路自适应。同时,相对于传统的 CSI 反馈,软 HARQ 可以更快、更及时地反馈信道状态信息。

直联(D2D)通信是 5G 的一个主要应用场景之一,可以明显提高每比特能量效率,为运营商提供新的商业机会。研究了单播 D2D 的链路自适应机制,分析了传统的混合自动重传(HARQ)和信道状态信息(CSI)反馈的必要性。建议在 D2D 中使用软 HARQ 确认信息作为反馈信息。与传统的硬 HARQ 确认信息和 CSI 反馈的链路自适应比较,这个机制具有明显的优势,可以简化单播 D2D 的链路自适应地实现复杂度和减少反馈开销,且仿真表明该方案与传统方案具有相当的性能,却不需要传统的测量导频和信道状态信息的反馈。

大规模机器型通信(MTC)是 5G 的一个主要应用场景,以满足未来的物联网需求。在这种场景下,大量的 MTC 终端将出现在现有的网络中,不同的 MTC 终端将有不同的需求,传统的硬 HARQ 确认信息和 CSI 反馈的链路自适应将无法满足各种各样的业务需求和终端类型,而软 HARQ 技术可以解决这些问题。软 I-IARQ 技术定义基于需求的软 HARQ 信息的含义,而软 HARQ 的含义可以基于上述需求的 KPI 来重新定义。这种重新定义可以是半静态的,也可以是动态调整的。

具体地,如果超可靠通信的 MTC 终端使用了软 HARQ 技术,终端可以给基站提供调度参考指示信息,这个调度参考指示信息需要保证预测的目标 BLER 足够低,或者发送端直到接收到盲检测的 ACK 确认信息才终止该通信进程。如果时延敏感的 MTC 终端使用了软 HARQ 技术,终端同样可以给基站提供调度参考指示信息,这个调度参考指示信息需要保证首传和第一次重传的预测的目标 BLER 足够低,而且该信息可以从相对首传的资源比较大的资源候选集合中指示一个资源。如果时延不敏感的 MTC 终端使用了软 HARQ 技术,终端同样可以给基站提供调度参考指示信息,这个调度参考指示信息可以从相对首传的资源比较小的资源候选集合中指示一个资源。另外,MTC 终端还可以根据信道的大尺度衰落和首传资源大小做出资源候选集合的合适选择,这种选择同样可以是静态的、半静态的或者动态的。

7.3.7　超密集网络及小区虚拟化

1. 超密集网络

随着小区分裂技术的发展,低功率传输节点(Transmission Point,TP)被灵活、稀疏地部署在宏小区(Macro Cell)覆盖区域之内,形成了由宏小区和小小区(Small Cell)组成的多层异构网络(Heterogeneous Network,HetNet)。HetNet 不仅可以在保证覆盖的同时提高小区分裂的灵活性及系统容量,分担宏小区的业务压力,还可以扩大宏小区的覆盖范围。在 4G 系统研究的末期,为了进一步提高系统容量,3GPP 提出了小小区增强技术,对高密度部署小小区时出现的问题展开了初步的研究。

超密集网络(UDN)正是在这一背景下提出的,它可以看作小小区增强技术的进一步演进。在 UDN 中,TP 密度将进一步提高,TP 的覆盖范围进一步缩小,每个 TP 可能同时只服务一个或很少的几个用户。超密集部署拉近了 TP 与终端的距离,使得它们的发射功率大大降低,且变得非常接近,上、下行链路的差别也因此越来越小。除了节点数量的增加以外,传输节点种类的密集化也是 5G 网络发展的一个趋势。因此,广义的超密集网络可能由工作在不同频带(2GHz、毫米波),使用不同类型频谱资源(授权、非授权频谱),或者采用不同无线传输技术(Wi-Fi、LTE、WC-

DMA)的传输节点组成。此外,随着设备宜通(Device to Device,D2D)技术的发展,甚至终端本身也可以作为传输节点。

超密集网络还包括终端侧的密集化。机器类通信(Machine Type Communication,MTC)的引入、移动用户数量的持续增长以及可穿戴设备的流行,都将极大地增加终端设备的数量和种类,导致更大的信令开销及更复杂的干扰环境。

5G UDN 的研究是场景驱动的,要求仿真建模尽可能反映客观物理现实。计算机处理能力的提升使得这一研究方法成为可能。另外,现实生活中的场景数量巨大,很多场景相似度很高,待解决的问题及使用的关键技术类似。因此,为了提高研究效率,需要根据研究的需要,对本质上相似的场景进行抽象、概括。根据业务特点、干扰情况及传播环境,IMT-2020 归纳了 6 大类典型的 UDN 场景,如图 7-62 所示。

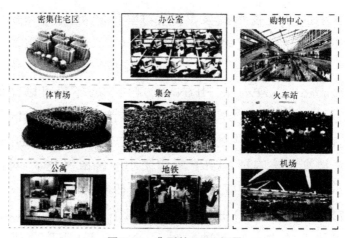

图 7-62　典型的 UDN 场景

2. UDN 虚拟化技术

随着网络密集化程度的不断提高,干扰及移动性问题变得越来越严重,传统的、以小区为中心的架构已经不能满足需求。为此,5G 提出了以用户为中心的小区虚拟化技术。其核心思想是以"用户为中心"分配资源,使得服务区内不同位置的用户都能根据其业务 QoE(Quality of Experience)的需求获得高速率、低时延的通信服务,同时保证用户在运动过程中始终具有稳定的服务体验,彻底解决边缘效应问题,最终达到"一致的用户体验"的目标。

(1)虚拟化整体架构

5G 的虚拟化网络架构可能在多层实现如图 7-63 所示。除了业界已经熟知的核心网的虚拟化(H0 层)以外,宏基站和小基站也能够通过虚拟化技术在基站层组成基站云(H1 层),用户设备也可以通过虚拟化技术在终端层组成终端云(图 7-63 中的 H2 层)。此外,在基站层和终端层之间,还可能存在由中继站和用户设备通过虚拟化技术混合组成的中继云(H1′/H2 层)。

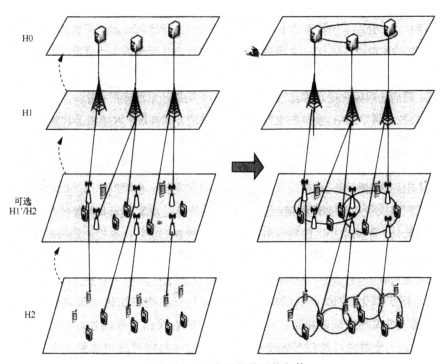

H0

H1

可选
H1′/H2

H2

图 7-63　多层虚拟化的网络架构

(2)小区虚拟化

5G 通过平滑小区虚拟化技术形成平滑的、以用户为中心的虚拟小区(Smooth Virtual Cell,SVC),用于解决超密集网络中的移动性及干扰问题,为用户提供一致的服务体验。

SVC 基于混合控制机制进行工作,其原理如图 7-64 所示。用户周围的多个传输节点形成一个虚拟小区,用"以用户为中心"

的方式提供服务。虚拟小区中的一个传输节点被选为主控传输
节点(Master TP,MTP)负责管理虚拟小区的工作过程以及虚拟
小区内其他传输节点的行为。不同虚拟小区的主控传输节点之
间交互各自虚拟小区的信息(比如资源分配信息),通过协商的方
式实现虚拟小区之间的协作,解决冲突,保证不同虚拟小区的和
谐共存。由于虚拟小区内各个传输节点之间,以及相邻虚拟小区
主控传输节点之间的距离比较近,因此 SVC 可以实现快速控制
或协作。另外,如果使用无线自回程技术传输节点之间的信令
(Signaling over The Air,SoTA),虚拟小区之内的控制信令以及
虚拟小区之间的协作信令的时延可以进一步降低。

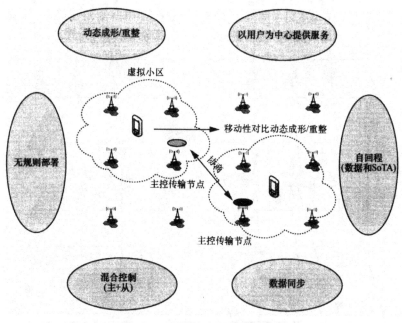

图 7-64 平滑的小区虚拟化示意

图 7-65 为"一致用户体验"可行性的初步评估结果。如图 7-
65(a)所示,该仿真使用了一个 50m×50m 的服务区,均匀地部署
了 100 个低功率传输节点。仿真结果如图 7-65(b)所示,如果传
输节点之间不协作(虚线),终端在不同位置的信干噪比将发生剧
烈波动(从-5dB 到 22dB),用户体验将受到很大影响;如果通过
传输节点间协作,关闭某些传输节点(实线),用户在不同位置时

都可以达到 17dB 的目标信干噪比,从而获得一致的用户体验。

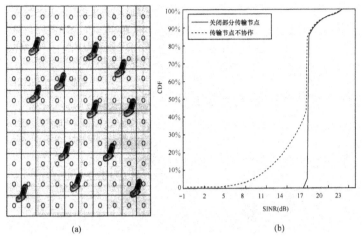

(a)   (b)

图 7-65　"一致用户体验"可行性的初步评估

　　下面以"新传输节点加入虚拟小区的过程"为例,进一步解释虚拟小区的工作过程。如图 7-66 所示的例子假定由终端发现新的传输节点。在终端数量多于传输节点数量的时候,这一方式可以更好地节省发现信号的资源。当然,在相反的条件下,也可以由传输节点发现终端。另外,根据网络状态,灵活地切换这两种机制可以更好地减少开销,提升系统性能。

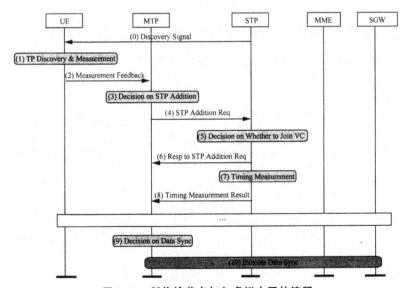

图 7-66　新传输节点加入虚拟小区的流程

（3）终端虚拟化

如图 7-67 所示，终端的虚拟化可以在邻近用户的设备间，或者同一用户的多个设备（笔记本电脑、平板电脑、手机和穿戴式设备）间实现。多个设备可以在终端层组成一个虚拟的用户组或终端组，从基站层联合接收或者传输数据。取决于不同的设备间的通信条件，终端间的协作可以有多种实现方式。

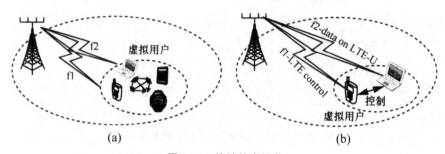

图 7-67　终端的虚拟化

（a）邻近设备间；（b）载波共享

图 7-68 展示了在基站和虚拟终端组之间的一种协作接收方式。步骤 1（T0）中，基站传输复用的数据给终端组，终端组内的多个终端尝试接收数据；步骤 2（T1）中，终端间交互数据以及和数据接收相关的参量（如 ACK/NACK 或软信息）；步骤 3（T2）中，某一个选出来的终端向基站发送 ACK/NACK 反馈。这样，在虚拟终端组看到的有效 SINR 会比基站和最好的终端间的 SINR 还要高，基站和虚拟终端组间的频谱效率也因此得以显著提升。

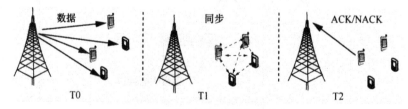

图 7-68　虚拟终端组的协作接收

取决于不同的协作方法，步骤 1（T0）和步骤 2（T1）的具体实现方式可以不相同。虚拟终端组内的设备可以共享资源和能力。T0 中，有最好 SINR 的终端可能被选择来接收下行数据然后转发数据给低 SINR 的终端。较高的 SINR 可能是由于更好的信道条件或者更先进的接收能力,如干扰抵消和抑制能力。

　　另外,虚拟终端组内还可以共享各自的载波处理能力。在图 7-67(a)中,每个终端只有单载波处理能力,但 4 个单载波能力的终端合起来就具有了 4 载波处理能力。例如,4 个终端可以利用各自的能力和设备直通链路为其中一个终端传输数据。如果设备直通链路足够好,4 个终端的协作传输将显著提升目标终端的吞吐量。

　　另一个例子如图 7-67 (b)所示,虚拟终端组可以共享彼此的能力。例如,控制面来自其他使用更可靠的授权载波的终端,而用户面直接来自基站并基于不一定可靠的非授权载波。这样,一个虚拟终端组中的所有设备都能共享授权载波上的控制面功能。

第8章　新一代移动通信的关键技术

随着人与人之间通信市场的饱和,移动通信产业开始把注意力转向如何为其他行业提供更加有效的通信工具和能力,开始构想"万物互联"的美好愿景。面向物与物的无线通信,与传统的人与人的通信方式有着较大的区别,在设备成本、体积、功耗、连接数量、覆盖能力上面,都提出了更高的要求,特别是面向远程医疗、工业控制和智能电网等应用,更是对传输的时延和可靠性提出了更苛刻的要求。新的需求呼唤和驱动着新一代移动通信系统的诞生。

8.1　绿色通信技术

8.1.1　绿色通信概述

在节能减排的背景下,新一代的通信理念——"绿色通信"的概念诞生了。无线通信由于其便捷性和有效性而得到广泛的使用,因此成为目前各种通信中的主要方式,绿色无线通信更是成为人们关注的焦点。与传统无线通信中不管能耗增加以及气候问题而一味追求更高、更快的数据传输能力不同,绿色无线通信不仅要提高数据传输率,还需要解决降低能耗和保护环境两个方面共有的问题,其具体体现主要包括设备制造商研发低能耗、低辐射的绿色产品以及制订绿色解决方案,通信运营企业建设绿色通信网络,降低网络建设及维护成本等。另外,随着 5G 全球化时代的到来,当前国内的通信企业纷纷把绿色通信作为 5G 时代通信技术应用的指向。

绿色通信的目标是在降低 ICT 产业的运营成本、减少碳排放量的基础上,进一步提高用户服务质量(Quality of Service,QoS),优化系统的容量。换句话说,绿色通信不同于传统的无线通信中按照用户流量峰值分配所需能耗的方式,而是从用户的流量需求出发,根据用户的流量变化来动态调整其所需的能耗,以尽可能降低能耗中没有必要的浪费,从而达到提高通信系统能效的目的。

随着对蜂窝网络能耗研究的深入,研究人员发现蜂窝网络中大部分的能耗消耗在基站(高达 80%),如何降低基站的能耗("绿色基站")成为研究的集中点。目前基站节能的措施主要分为以下两方面:一是提高基站无线信号发射效率,这主要致力于物理层的局部部件改进,如采用先进的射频技术、线性功放以及高功效的信号处理方法;二是在网络层对基站以及蜂窝网络进行有效的全局规划、设计和管理,比如优化基站的覆盖范围以及布设位置,关闭闲置基站(或者基站休眠模式)等来达到节能;此外还有采用新能源以及新型冷却技术。而流量的变化特性,是从网络层研究基站节能的前提。由于实际蜂窝网络中流量随时间和空间呈现不均匀分布,而传统的基站资源分配多基于流量峰值水平,从而会导致各个小区能效的异质性。正是这是这种异质性提供了节能的空间。

8.1.2　5G 绿色通信网络的挑战

目前的蜂窝网络结构已经无法经济而生态的满足日益增长的大数据流量要求。探索新的 5G 无线网络技术来达到未来吉比特的无线吞吐量要求势在必行。而 Massive MIMO 和毫米波技术的运用无疑会使小区覆盖面积显著减少。因此,small cell 网络成为 5G 网络的新兴技术。然而,随着基站的密集部署,小区面积减小,如何用高能效的方式转发相关的回程流量成为了一个不容忽视的挑战。解决这个问题,需要从系统和结构的层面来思考如何在保证用户服务质量（QoS）的情况下提供数据服务。

1.5G 集中式回程网络

如图 8-1 所示，宏基站位于 Macrocell 的中心，假设 small cell 基站均匀分布在 Macrocell 内，所有的 small cell 基站有相同的覆盖面积并配置相同的传输功率。small cell 的回程流量通过毫米波方式传输，然后在 Macrocell 基站聚合并通过光纤链路回传到核心网络。在回传过程中，涉及两个逻辑接口，S1 和 X2 接口。S1 接口反馈宏基站网关的用户数据，X2 接口主要用于小区基站间的信息交换。

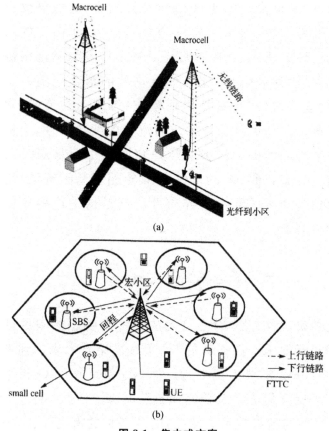

图 8-1　集中式方案

(a)集中式场景;(b)集中式场景逻辑结构

2. 5G 回程网络能效

（1）回程网络流量模型

5G 网络回程流量由不同部分组成，用户平面数据占总流量的绝大部分。还有传输协议冗余和进行切换时转发到其他基站的流量，以及网络信令、管理和同步信息，这些占回程流量的小部分，通常可以忽略。

基于两种场景（图 8-2），所有的回程流量聚合到 Macrocell 或者特定的 small cell。考虑到 sman cell 与 Macrocell 或者 small cell 与特定 small cell 基站之间的回程链路，设定用户数据流量只与每个小区的带宽和平均频谱效率相关。不失一般性，假设所有的 small cell 有相同的带宽和平均频谱效率。在这种情况下，small cell 的回程吞吐量即为带宽与平均频谱效率的乘积。

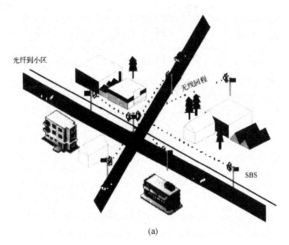

光纤到小区　　无线回程　　SBS

(a)

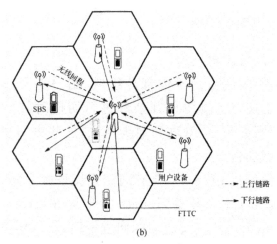

图8-2　分布式方案

（a）分布式场景；（b）分布式场景逻辑结构

1）集中式回程流量模型

集中式回程场景中的回程流量包括上行流量以及下行流量。其中一个 small cell 上行吞吐量为 $TH_{small-up}^{centra}=0.04 \cdot B_{sc}^{centra} S_{sc}^{centra}$，$B_{sc}^{centra}$ 为 small cell 带宽，S_{sc}^{centra} 为 small cell 小区的平均频谱效率。一个 small cell 下行链路的吞吐量通过 S1 接口传输可以表示为 $TH_{small-down}^{centra}=(1+0.1+0.04) \cdot B_{sc}^{centra} S_{sc}^{centra}$。同样，一个 Macrocell 小区的上行链路吞吐量 $TH_{macro-up}^{centra}=0.04 \cdot B_{mc}^{centra} S_{mc}^{centra}$，$B_{mc}^{centra}$ 为 Macrocell 带宽，S_{mc}^{centra} 为一个 Macrocell 小区的平均频谱效率删。其下行吞吐量也是通过 S1 接口传输 $TH_{macro-down}^{centra}=(1+0.1+0.04) \cdot B_{mc}^{centra} S_{mc}^{centra}$。设定每个 small cell 小区的回程流量是平衡的，每个 Macrocell 内包含 N 个 small cell。因此，对于集中式回程，总的上行链路吞吐量为 $TH_{sum-up}^{centra}=N \cdot TH_{small-up}^{centra}+TH_{macro-up}^{centra}$，总的下行链路吞吐量为 $TH_{sum-down}^{centra}=N \cdot TH_{small-down}^{centra}+TH_{macro-down}^{centra}$。最后，总的回程吞吐量为上行加上下行，可计算为 $TH_{sum}^{centra}=TH_{sum-up}^{centra}+TH_{sum-down}^{centra}$。

2）分布式回程流量模型

在分布式回程方案中，邻近的 small cell 协作转发回程流量到特定的 small cell 基站。因此，协作基站间不仅仅交换信道状态信息还需要共享用户数据信息。不失一般性,邻近的协作小区形成一个协作簇,簇里 small cell 的个数为 K。不包括特定小区时,协作簇的频谱效率为 $S_{mc}^{Comp}=(K-1)S_{mc}^{dist}$,$S_{mc}^{dist}$ 为协作簇内一个 small cell 的频谱效率,考虑到协作冗余,一个协作 small cell 的上行链路回程吞吐量为 $TH_{small-up}^{dist}=1.14 \cdot B_{sc}^{dist}S_{sc}^{dist}$,$B_{sc}^{dist}$ 为 sman cell 的带宽。其下行回程吞吐量为 $TH_{small-down}^{dist}=1.14 \cdot B_{sc}^{dist}(S_{sc}^{dist}+S_{mc}^{Comp})$。因此,分布式回程方案中,协作簇的回程吞吐量为 $TH_{sum}^{dist}=K \cdot (TH_{small-up}^{dist}+TH_{small-down}^{dist})$。

(2)回程网络能效建模

对于集中式回程场景,一个 Macrocell 内部署 N 个 small cell。因此,系统能耗为

$$E_{system}^{centra}=E_{EM}^{macro}+E_{OP}^{macro}+N(E_{EM}^{small}+E_{OP}^{small})$$
$$=E_{EMinit}^{macro}+E_{EMmaint}^{macro}+P_{OP}^{macro} \cdot T_{lifetime}^{macro}$$
$$+N(E_{EMinit}^{small}+E_{EMmaint}^{small}+P_{OP}^{small} \cdot T_{lifetime}^{small})$$

考虑到无线回程吞吐量,集中式回程方案的能效为 η_{centra}

$$=\frac{TH_{sum}^{centra}}{E_{system}^{centra}}。$$

对于分布式回程场景,一个协作簇包含 K 个 small cell 基站,系统能耗为

$$E_{system}^{dist}=K(E_{EM}^{small}+E_{OP}^{small})$$
$$=K(E_{EMinit}^{small}+E_{EMmaint}^{small}+P_{OP}^{small} \cdot T_{lifetime}^{small})$$

考虑到无线回程吞吐量,集中式回程方案的能效为 η_{dist}

$$=\frac{TH_{sum}^{dist}}{E_{system}^{dist}}。$$

(3)回程网络能效分析

为了分析两种回程方案的能效,一些默认参数选择如下:small cell 的半径为 50m,Macrocell 的半径为 500m,Macrocell 和 small cell 的带宽均为 100Mbps,Macrocell 的平均频谱效率是 5bit/s/Hz,对于城市环境路径损耗因子指数 β 是 3.2。在 Macrocell 中,宏基站的运行功耗参数为 $a=21.45,b=354.44$,而 small cell 的运行功耗参数为 $a=7.84,b=71.5$。small cell 的生命周期

为 5 年。其他参数如表 8-1 所示。

表 8-1 无线回程网络参数表

无线回程频率	5.8GHz	28GHz	60GHz
a_{macro}	21.45	21.45	21.45
b_{macro}	354.44W	354.44W	354.44W
P_{TX}^{macro}（覆盖半径为 500m）	4.35W	101.42W	465.74W
P_{OP}^{macro}（覆盖半径为 500m）	447.80W	2529.99 W	10344.66 W
E_{EMinit}^{macro}	75GJ	75GJ	75GJ
$E_{EMmaint}^{macro}$	10GJ	10GJ	10GJ
$T_{lifetime}^{macro}$	10years	10years	10years
a_{small}	7.84	7.84	7.84
b_{small}	71.5W	71.5W	71.5W
P_{TX}^{small}（覆盖半径为 50m）	2.75mW	63.99mW	293.86mW
P_{OP}^{small}（覆盖半径为 50m）	71.52W	72.00W	73.80W
$E_{EMinit}^{small}+E_{EMmaint}^{smal}$（占总能耗比例）	20%	20%	20%
$T_{lifetime}^{small}$	5years	5years	5years

图 8-3 反映了无线回程的吞吐量在考虑不同频效时随 small cell 基站数目变化的规律。

图 8-3(a)中可以看到在集中式场景中,回程吞吐量是随小区数目呈线性增长的。而在分布式场景中,如图 8-3（b）所示,回程吞吐量随着 small cell 数目的增加呈指数性增长。指数性增长的特性是由于在分布式回程方案中,small cell 基站之间共享用户数据。当小区数一定时,回程吞吐量随着频效的增加而增加。

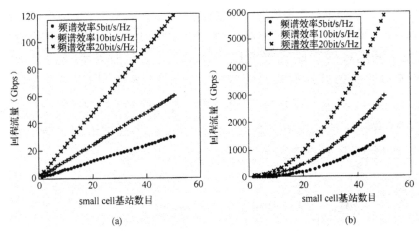

图 8-3　无线回程网络流量在不同频谱效率与 small cell 基站数目的关系

(a)集中式场景；(b)分布式场景

图 8-4 给出了两种场景下无线回程网络能效考虑不同传输频带时随小区数目变化的关系。从图中可以看出，图 8-4（a）集中式回程场景中，回程能效随着小区数目的增加呈对数性增长。图 8-4（b）分布式回程场景中，回程能效随着 small cell 数目的增加呈线性增长。当 small cell 数目一定时，回程能效随着频带增加而降低。且在集中式回程中，对于 5.8GHz、2.8GHz、60GHz 不同频带之间能效存在较大差异。

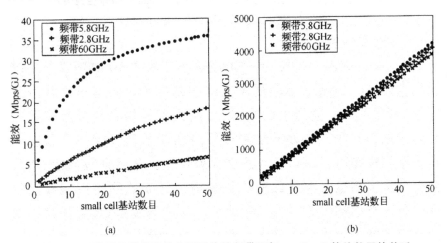

图 8-4　无线回程网络能效在不同传输频带下与 small cell 基站数目的关系

(a)集中式场景；(b)分布式场景

图 8-5 给出了回程能效在不同路径损耗因子下与 small cell 半径之间的关系。可以看出,当 small cell 的半径小于或等于 50m 时,无线回程能效随着路径损耗因子增大而提升,而当半径大于 50m 时,无线回程能效随着路径损耗因子增大而降低。基于香农理论,当 small cell 半径小于或等于 50m 时,路径损耗因子的增大会对无线容量有很小衰减影响。相反,当 small cell 半径大于 50m 时,增大路径损耗因子,对于无线容量将会有很大的衰减影响。

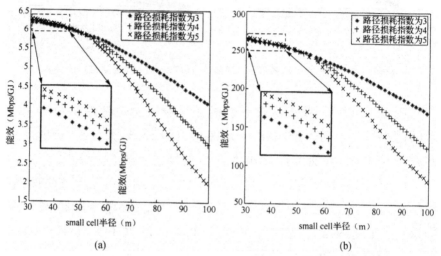

图 8-5　无线回程能效在不同路径损耗因子下与 small cell 半径的关系

(a)集中式场景;(b)分布式场景

(4)未来的挑战

由于 massive MIMO 和毫米波通信技术在 5G 移动通信系统中的应用,5G 网络中小区覆盖范围越来越小。随着小区部署致密化,满足用户容量需求的同时,也给回程网络和流量带来了一系列挑战。首先就是对于致密部署的场景如何设计一个新的回程网络结构和协议。小区的致密部署产生大量的回程流量,不仅带来网络拥塞也可能使回程网络崩溃。分布式网络控制模型将是一种可能的解决方案,然而,随之而来的问题是,现存的网络协议是否支持分布式无线链路的大量回程流量。

对于高速用户,如何克服由于小区致密化带来的频繁切换是一个问题。小区协作貌似是个不错的选择。但是对于如何组织动态协作小区组,以及由于协作小区基站之间的数据共享带来的冗余也有待研究。

即使大量的无线回程可以在满足特定 QoS 的前提下回传到核心网络,如何高能效地实现也是需要考虑的。一些文献指出致密部署低功率基站可以减少能耗,然而,通过分析得出,不同结构的回程网络有不同的能效模型。如在集中式场景中,当小区部署密度达到一定阈值时,回程网络能效趋向饱和。一些可能的解决方案就是光纤和无线混合回程。以及 small cell 基站关断模式,small cell 基站自适应功率控制等都是一些节省能耗的可行方案。

8.2　云计算技术

8.2.1　云计算体系架构

云计算参考架构(图 8-6)云计算中包含了五类重要的用户角色:云用户、云提供商、云载体、云审计和云代理,其中每个角色都是一个实体,既可以是个人也可以是机构,参与云计算的事务处理或任务执行。不同的用户在云计算中扮演不同的角色,它们是云计算的主体和推动力量。

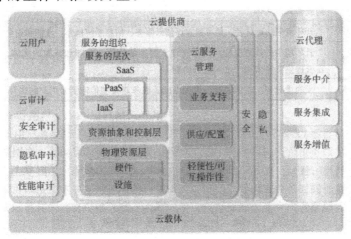

图 8-6　云计算参考架构

1. 云用户

云用户为云服务的使用者,它们与云提供商保持业务联系,使用云提供商提供的各种云服务,可以是个人也可以是机构,如政府、教育机构或企业客户等,它们租用而不是购买云服务提供商提供的各种服务,并为之付费。

云用户是云服务的最终消费者,也是云服务的主要受益者。云服务为云用户提供的服务:浏览云提供商的服务目录;请求适当的服务;云提供商建立服务合同;使用服务。

在云计算中,云用户和云服务提供商按照约定的服务等级协议进行通信。这里,服务等级协议(Service Level Agreement,SLA)是指在一定开销下为保障服务的性能和可靠性,服务提供商与用户间定义的一种双方认可的协议。云用户使用 SLA 来描述自己所需的云服务的各种技术性能需求,如服务质量、安全、性能失效的补救措施等,云提供商使用 SLA 来提出一些云用户必须遵守的限制或义务等。

云用户可以根据价格及提供的服务自由地选择云提供商。服务需求不同,云用户的活动和使用场景就不同。

由于云计算环境提供三大类服务,即软件即服务(Software as a Service,SaaS)、平台即服务(Platform as a Service,PaaS)和基础设施即服务(Instruction as a Service,IaaS)。相应地,根据用户使用的服务类型,可以将云用户分为三类,即 SaaS 用户、PaaS 用户和 IaaS 用户。

(1)软件即服务 SaaS

SaaS 用户通过网络使用云提供商提供的 SaaS 应用,它们可以是直接使用软件的终端用户,可以是向其内部成员提供软件应用访问的机构,也可以是软件的管理者,为终端用户配置应用。SaaS 提供商按一定的标准进行计费,且计费方式多样,如可以按照终端用户的个数计费,可以按用户使用软件的时间计费,可以按用户实际消耗的网络带宽计费,也可以按用户存储的数据量或者存储数据的时间计费。

图 8-7 所示为 SaaS 多层体系的架构设计。图 8-8 所示为 SaaS 基于构件库的架构设计。图 8-9 所示为 SaaS 平台逻辑架构。

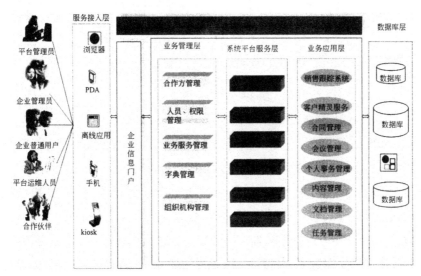

图 8-7 多层体系的架构设计

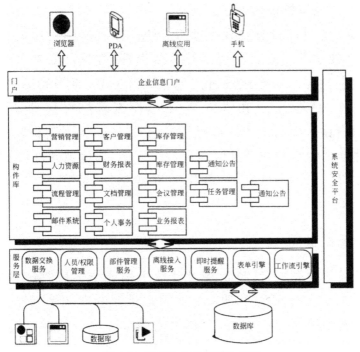

图 8-8 基于构件库的架构设计

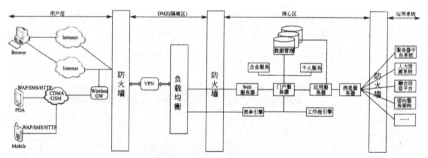

图 8-9　平台逻辑架构

（2）平台即服务 PaaS

PaaS 用户可以使用云服务提供商提供的工具和可执行资源部署、测试、开发和管理托管在云环境中的应用。PaaS 用户可以是设计和开发各种软件的应用开发者，可以是运行和测试基于云环境的应用测试者，还可以是在云环境中发布应用的部署者，也可以是在云平台中配置、监控应用性能的管理者。PaaS 提供商按照不同的形式进行计费，如根据 PaaS 应用的计算量、数据存储所占用的空间、网络资源消耗大小及平台的使用时间来计费等。

（3）基础设施即服务 IaaS

IaaS 用户可以直接访问虚拟计算机，通过网络访问存储资源、网络基础设施及其他底层计算资源，并在这些资源上部署和运行任意软件。IaaS 用户可以是系统开发者，系统管理员，以及负责创建、安装、管理和监控 IT 基础设施运营的 IT 管理人员。IaaS 用户具有访问这些计算资源的能力，IaaS 提供商根据其使用的各种计算资源的数量及时间来进行计费，如虚拟计算机的 CPU 小时数、存储空间的大小、消耗的网络带宽、使用的 IP 地址个数等。

2. 云提供商

云服务的提供者，负责提供其他机构或个人感兴趣的服务，可以是个人、机构或者其他实体。云提供商获取和管理提供云服务需要的各种基础设施，运行提供云服务需要的云软件，并为云用户交付云服务。云提供者的主要活动包括以下五个方面：服务的部署、服务的组织、云服务的管理、安全和隐私。

(1)SaaS 环境云提供商

在云基础设施上部署、配置、维护和更新各种软件应用,确保能按照约定的服务级别为云用户提供云服务。SaaS 提供商承担维护、控制应用和基础设施的大部分责任,SaaS 用户不需要安装任何软件,它们对软件拥有有限的管理控制权限。

(2)PaaS 环境云服务提供商

负责管理平台的基础设施,运行平台的云软件,如运行软件执行堆栈、数据库及其他的中间件组件等。PaaS 提供商通常也为 PaaS 用户提供集成开发环境(IDE),软件开发工具包(SDK),管理工具的开发、布署和管理等。PaaS 用户具有控制应用程序的权限,也可能具有对托管环境进行各种设置的权限,但无权或者受限访问平台之下的底层基础设施,如网络、服务、操作系统和存储等。

(3)IaaS 环境提供商

IaaS 提供商需要位于服务之下的各种物理计算资源,包括服务器、网络、存储和托管基础设施等。IaaS 提供商通过运行云软件使 IaaS 用户能通过服务接口、计算资源抽象如虚拟机、虚拟网络接口等访问 IaaS 服务。反过来,IaaS 用户使用这些计算资源如虚拟计算机来满足自己的基础计算需求。和 SaaS、PaaS 用户相比,IaaS 用户能够从更底层上访问更多的计算资源,因此对应用堆栈中的软件组件具有更多的控制权,包括操作系统和网络。另外,云 IaaS 提供商,具有对物理硬件和云软件的控制权,使其能配置这些基础服务,如物理服务器、网络设备、存储设备、主机操作系统和虚拟机管理程序等。

3. 云载体

云载体作为中介机构负责提供云用户和云提供商之间云服务的连接和传输,负责将云提供商的云服务连接和传输到云用户。云载体为云用户提供通过网络、电信和其他设备访问云服务的能力,如云用户可以通过网络设备如计算机、笔记本、移动电话、移动网络设备等访问云服务。

云服务一般是通过网络、电信或者传输代理来提供的,这里传输代理指的是提供高容量硬盘等物理传输介质的商业组织。为了确保能够按照与用户协商的服务等级协议(SLA)为用户提供高质量的云服务,云提供商将和云载体建立相应的服务等级协议,如在必要的时候要求云载体为云提供商和云用户之间建立专用的、安全的连接服务。

4. 云审计

云环境中的审计是指通过审查客观证据验证服务是否符合标准。云审计者是可独立评估云服务,信息系统操作、性能和安全的机构,能够从安全控制、隐私及性能等多个方面对云服务提供商提供的云服务进行评估。

例如,云审计负责对云服务提供商提供的云服务的实现和安全进行独立的评估,因此云审计需要同时与云提供者和云消费者进行交互。

5. 云代理

云环境中的代理机构,负责管理云服务的使用、性能和分发的实体,也负责在云提供者和云用户之间进行协商。此时。云用户不再需要直接向云提供商请求服务,而可以向云代理请求服务。

云代理提供的云服务包括服务中介、集成、增值三类。

云代理通过改善云服务的一些特定能力或者以为云用户提供增值服务的形式提升云服务,如改善云服务的访问方式、身份管理方式、绩效报告、增强的安全性等,即为服务中介。

云代理根据用户需求,将多个云服务组合或者集成为一个或多个新的云服务。为了确保云用户的数据能够安全地在多个云提供商之间移动,云代理会提供相应的数据集成功能,该服务为服务集成。

　　类似于服务集成,只是在服务增值过程中,服务的集成方式不是固定的。服务增值意味着一个云代理能够灵活地从多个云代理机构或者云提供商处选择各种不同的云服务,即为服务增值。

8.2.2　虚拟化

　　虚拟化是云计算的关键技术,云计算的应用必定要用到虚拟化的技术。虚拟化是实现动态的基础,只有在虚拟化的环境中,云才能实现动态。

　　虚拟化技术实现了物理资源的逻辑抽象和统一表示。通过虚拟化技术可以提高资源的利用率,并能够根据用户业务需求的变化,快速、灵活地进行资源部署。

1. 虚拟化的分类

　　虚拟化技术已经成为一个庞大的技术家族,其形式多种多样,实现的应用也已形成体系。但对其分类,从不同的角度有不同分类方法。图 8-10 给出了虚拟化的分类。

图 8-10　虚拟化的分类

2. 虚拟化的体系结构

虚拟化的体系结构 VMware 定义如图 8-11 所示。

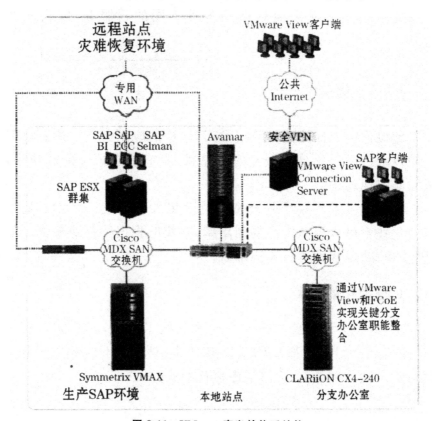

图 8-11　VMware 定义的体系结构

3. 虚拟化技术的发展热点和趋势

（1）从整体上看

目前通过服务器虚拟化（图 8-12）实现资源整合是虚拟化技术得到应用的主要驱动力。现阶段，服务器虚拟化的部署远比桌面虚拟化（图 8-13）或者存储虚拟化（图 8-14）多。但从整体来看，桌面虚拟化和应用虚拟化（图 8-15）在虚拟化技术的下一步发展中处于优先地位，仅次于服务器虚拟化。未来，桌面平台虚拟化将得到大量部署。

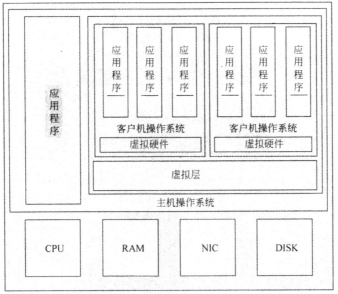

图 8-12 服务器虚拟化

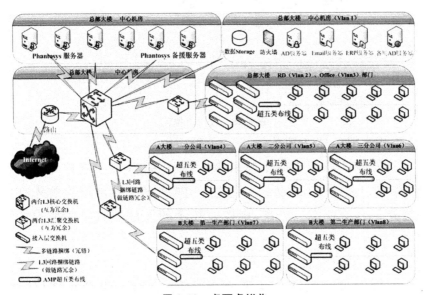

图 8-13 桌面虚拟化

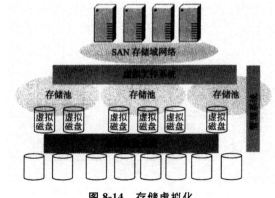

图 8-14　存储虚拟化

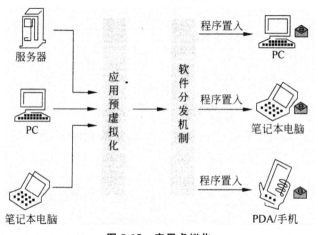

图 8-15　应用虚拟化

（2）从服务器虚拟化技术本身看

随着硬件辅助虚拟化技术的日趋成熟，以各个虚拟化厂商对自身软件虚拟化产品的持续优化，不同的服务器虚拟化技术在性能差异上日益减小。未来，虚拟化技术的发展热点将主要集中在安全、存储、管理上。

（3）从当前来看

虚拟化技术的应用主要在虚拟化的性能、虚拟化环境的部署、虚拟机的零宕机、虚拟机长距离迁移、虚拟机软件与存储等设备的兼容性等问题上实现突破。

8.2.3　大规模分布式数据存储与管理

1. 云存储技术类型

经常看到人们在谈论云存储,但是没看过实际的图,人们很难想象到底云存储是什么模样,图 8-16 就是一个云存储的简易结构图。

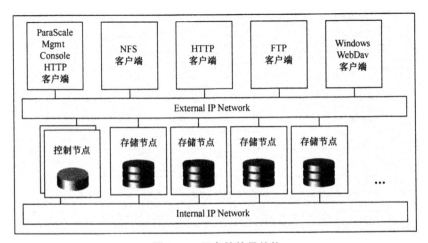

图 8-16　云存储简易结构

图 8-16 中的存储节点(Storage Node)负责存放文件,控制节点(Control Node)则作为文件索引,并负责监控存储节点间容量及负载的均衡,这两个部分合起来便组成一个云存储。存储节点与控制节点都是单纯的服务器,只是存储节点的硬盘多一些,存储节点服务器不需要具备 RAID 的功能,只要能安装 Linux 或其他高级操作系统即可,控制节点为了保护数据,需要有简单的 RAID level 01 的功能。

云存储系统的结构由 4 层组成,如图 8-17 所示。

图 8-17 云存储结构模型

2. 分布式文件系统

分布式文件系统（Distributed File System,DFS）最大的特点是以透明的方式在计算机的网络节点上进行远程文件的存取,本地所拥有的物理资源不一定存储在本地。DFS 能够直接屏蔽用户对物理设备的直接操作,用户只需去做就可以,而无须关心怎么做。

（1）GFS

搜索引擎需要处理的数据很多,可以用海量来形容,所以Google 的两位创始人 Larry Page 和 Sergey Brin 在创业初期设计一套名为"BigFiles"的文件系统,而 GFS(Google File System)这套分布式文件系统则是"BigFiles"的延续。GFS 主要是谷歌开发的、非开源的一个可扩展的分布式文件系统,用于大型的、分布式的、对大量数据进行访问的应用。通常被认为是一种面向不可信任服务器节点而设计的文件系统。GFS 运行于廉价的普通硬件上,具备高度容错的特点,可以给大量用户提供总体性能较高的服务。

图 8-18 所示为 GFS 的架构图。

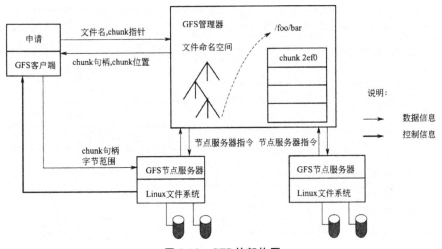

图 8-18　GFS 的架构图

采用 GFS 分布式文件系统工作的网络无惧主机瘫痪这种现象的发生。因此,GFS 拥有替补可以直接替换坏掉的主机进行数据的重建。Google 每天有大量的硬盘损坏,但是由于有 GFS,这些硬盘的损坏是允许的。

(2)HDFS

HDFS 被设计为部署在大量廉价硬件上的,适用于大数据集应用程序的分布式文件系统,具有高容错、高吞吐率等优点。

1)HDFS 的架构

HDFS 的结构如图 8-19 所示。

①Namenode。从逻辑上讲,管理节点 Namenode 与 GFS 的 Master 有类似之处,都存放着文件系统的元数据,并周期性地与

数据节点联系,管理文件系统和客户端对文件的访问更新状态,事实上,数据并不存在于此。

Namenode 在启动时会自动进入安全模式。安全模式是 Namenode 的一种状态,在这个阶段,文件系统不允许有任何修改,当数据块最小百分比数满足配置的最小副本数条件时,会自动退出安全模式。

②Datanode。数据节点 Datanode 才是实际数据的存放之地,用户直接对 Datanode 进行数据访问。每个 Datanode 均是一台普通的计算机,在使用上与单机上的文件系统非常类似,一样可以建目录,创建、复制、删除文件,查看文件内容等。但 Namenode 底层实现上是把文件切割成 Block,然后这些 Block 分散地存储于不同的 Datanode 上,每个 Block 还可以复制数份存储于不同的 Datanode 上,因此具有高容错的特性。

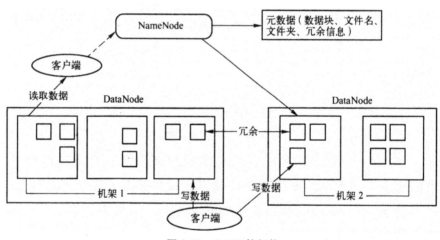

图 8-19 HDFS 的架构

2)HDFS 工作流程

HDFS 在读写数据时,采用客户端直接从数据节点存储数据的方式,避免了单独访问名字节点造成的性能瓶颈。

①读文件流程。正常情况下,客户端读取 HDFS 文件系统中的文件时,首先通过本地代码库获取 HDFS 文件系统的一个实例,该文件系统实例通过 RPC 远程调用访问名字空间所在的节点 NameNode,获取文件数据块的位置信息。NameNode 返回每

个数据块（包括副本）所在的 DataNode 地址。客户端连接主数据块所在的 DataNode 读取数据。正常情况下 HDFS 读文件流程如图 8-20 所示。

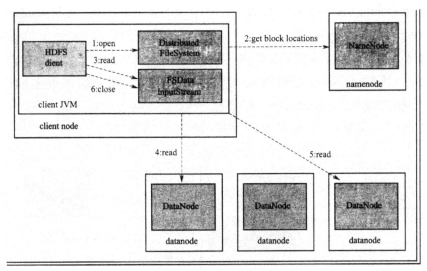

图 8-20　HDFS 读文件操作流程

一旦，Client 与 NameNode 之间的通信出现异常情况时，Client 会连接 NameNode 副本中存储的 DataNode 地址进行数据的读取。

在 HDFS 文件系统中，客户端直接连接 DataNode 读取数据，这使得 HDFS 可以同时响应多个客户端的并发请求，因为数据流被均匀分布在所有 DataNode 上，NameNode 只负责数据块位置信息查询。

②写文件流程。HDFS 写文件操作相对复杂，涉及客户端写入操作和数据块流水线复制两部分。

写入操作首先由 NameNode 为该文件创建一个新的记录，该记录为文件分配存储节点包括文件的分块存储信息，在写入时系统会对文件进行分块，文件写入的客户端获得存储位置的信息后直接与指定的 DataNode 进行数据通信，将文件块按 NameNode 分配的位置写入指定的 DataNode，数据块在写入时不再通过 NameNode。因此，NameNode 不会成为数据通信的瓶颈。

当文件关闭时,客户端把本地剩余数据传完,并通知 Name-Node,后者将文件创建操作提交到持久存储。DataNode 对文件数据块的存储采用流水线复制技术,假定复制因子＝2,即每个数据块有两个副本,客户端首先向第一个 DataNode(这里称为主 DataNode)传输数据,主 DataNode 以小部分(如 4KB)接收数据,写入本地存储,同时将该数据传输给第二个 DataNode(从 DataNode),从 DataNode 接收数据,写入本地存储。如果存在更多的副本,那么从 DataNode 将会把数据传送给下一个 DataNode 节点,从而实现边收边传的流水线复制,如图 8-21 所示。

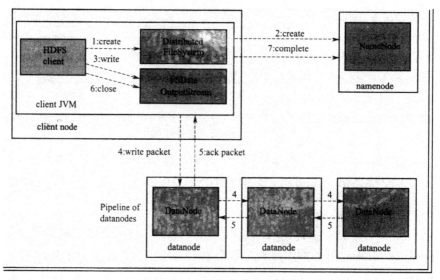

图 8-21　HDFS 文件写操作流程

3. HBase

HBase 是一个开源的非关系(NoSQL)的可伸缩性分布式数据库,用在廉价 PC Server 上搭建起大规模结构化存储集群。它是以 Google 的 BigTable 为原型,采用的文件存储系统为 HDFS,处理数据的框架模式为 MapReduce,采用 ZooKeeper 来作为协同服务的一种数据库系统。这种存储数据库系统可靠性高,性能非常优越,数据存储具有伸缩性,不仅采用列存储的方式,还具备实时读写的特性,故应用非常广。

图 8-22 所示为 HBase 系统框架。

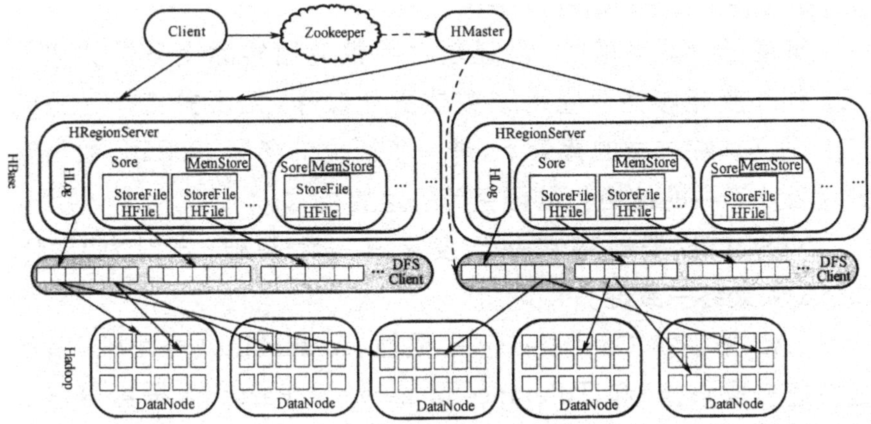

图 8-22　HBase 系统框架

4. 非结构化分布式数据库系统

随着现代计算机技术的发展,计算能力和存储能力的问题对计算机数据库性能的提升有着越来越重要的影响。

传统的集群数据库的解决方案大体可以分为以下两类。

(1)Share-Everything(Share-Something)

数据库节点之间共享资源,如磁盘、缓存等。当节点数量增大时,节点之间的通信将成为瓶颈;而且节点数量越大,节点对数据的访问控制也就更为复杂,处理各个节点对数据的访问控制也为事务处理带来了很大的困扰。

(2)Share-Nothing

所有的数据库服务器之间任何信息都是屏蔽的,无法共享。在数据库中,当任一节点在接到查询任务时,任务将会被分解并被分散到其他所有的节点上面,每个节点单独处理并返回结果。但由于每个节点容纳的数据和规模并不相同,因此如何保证一个查询能够被均衡地分配到集群中成为一个关键问题。同时,节点在运算时可能从其他节点获取数据,这同样也延长了数据处理时间。

数据库发生数据更新时,无法共享的数据库之间就需要更多的精力来保证各个节点之间的数据具有一致性,定位到数据所在节点的速度不仅要快,还要准确。

而在云计算环境中,已经超过半数应用实际上只需类似于SQL 语句就能够完成查询或数据更新操作,无须去支持完整的SQL 语义。在这样的背景下,进一步简化的各种 NoSQL 数据库成为云计算中的结构化数据存储的重要技术。

NoSQL 数据库存在并且发展有三大基础,分别为 CAP、BASE 和最终一致性。

CAP 分别指 Consistency 一致性、Availability 可用性(指的是快速获取数据)和 Tolerance of network Partition 分区容忍性(分布式)。这个理论已经被证明其正确性,且需要注意的是,一个分布式系统至多能满足三者中的两个特性,无法同时满足三个。

ACID 分别指 Atomicity 原子性、Consistency 一致性、Isolation 隔离性和 Durability 持久性。传统的关系数据库是以 ACID 模型为基本出发点的,ACID 可以保证传统的关系数据库中的数据的一致性。但是大规模的分布式系统对 ACID 模型是排斥的,无法进行兼容。

由于 CAP 理论的存在,为了提高云计算环境下的大型分布式系统的性能,可以采取 BASE 模型。BASE 模型牺牲高一致性,获得可用性或可靠性。BASE 包括 Basically Available(基本可用)、Soft State(软状态/柔性事务)、Eventually Consistent(最终一致)三个方面的属性。BASE 模型的三种特性不要求数据的状态与时间始终同步一致,只要最终数据是一致的就可以。BASE 思想主要强调基本的可用性,如果你需要高可用性,也就是纯粹的高性能,那么就要以一致性或容错性为牺牲。

Google 的 BigTable 是一个典型的分布式结构化数据存储系统。在表中,数据是以"列族"为单位组织的,列族用一个单一的键值作为索引,通过这个键值,数据和对数据的操作都可以被分布到多个节点上进行。

在开源社区中，Apache HBase 使用了和 BigTable 类似的结构，基于 Hadoop 平台提供 BigTable 的数据模型，而 Cassandra 则采用了亚马逊 Dynamo 的基于 DHT 的完全分布式结构，实现更好的可扩展性。

8.2.4　MapReduce

1. MapReduce 系统架构

如何处理并行计算？如何为每个计算任务分发数据？如何保证在出现软件或硬件故障时仍然能保证计算任务顺利进行？所有这些问题综合在一起，需要大量的代码处理，这使得原本简单的运算变得难以处理。

在传统的并行编程模型中，这些问题的有效解决都需要程序员显式地使用有关技术来解决。对于程序员来说，这是一项具有极大挑战性的任务，这也在一定程度上制约了并行程序的普及。显然，对 Google 这样需要分析处理大数据的公司来说，传统的并行编程模型已经不能有效地解决上述复杂的问题。在这一环境下，并行编程模型 MapReduce 应运而生。

MapReduce 系统主要由客户端（Client）、主节点（Master）以及工作节点（Worker）三个模块组成，其系统架构如图 8-23 所示。

Client 就是先对程序员编写的 mapreduce 程序进行配置，然后提交给 Master。Master 与 Worker 保持通信，将 Client 提交的 mapreduce 程序主动分解为两部分（Map 任务和 Reduce 任务），Worker 在分配的逻辑片段上执行 Map 任务和 Reduce 任务。

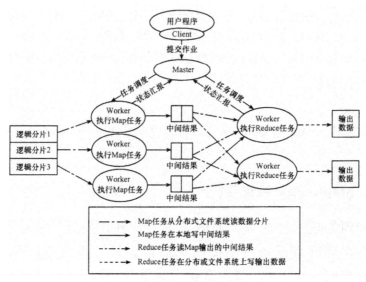

图 8-23 MapReduce 的系统架构

2. MapReduce 执行流程

Google 公司的 MapReduce 编程模型的实现可抽象为 Master(主控程序)、Worker(工作机)、UserProgram(用户程序)三个角色。Master 是 MapReduce 编程模型的中央控制器,负责负载均衡、数据划分、任务调度、容错处理等功能。Worker 负责从 Master 接收任务,进行数据处理和计算,并负责数据传输通信。User Program 是系统的用户,需要提供 Map 和 Reduce 函数的具体实现。

图 8-24 展示了 Google MapReduce 实现中操作的全部流程。

如图 8-24 所示,一切都是从 User Program 开始的,User Program 链接了 MapReduce 库。当用户程序调用 MapReduce 函数时,将会引起一系列动作。

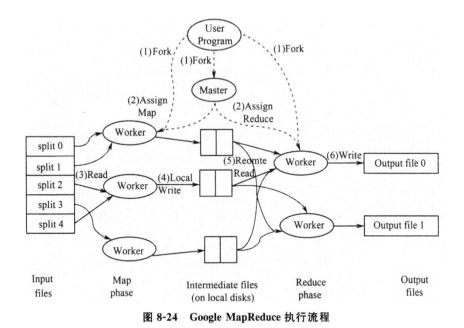

图 8-24　Google MapReduce 执行流程

8.2.5　云计算安全

1. 云计算安全问题分析及应对

（1）云计算安全问题

当务之急,解决云计算安全问题应针对威胁,建立一个综合性的云计算安全框架,并积极开展其中各个云安全的关键技术研究。云计算安全技术框架如图 8-25 所示,为实现云用户安全目标提供技术支撑。

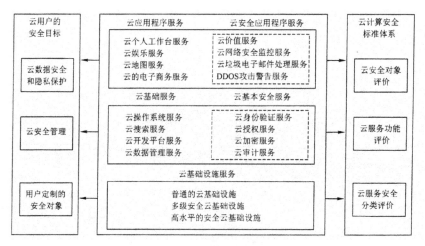

图 8-25 云计算安全技术框架

（2）云计算安全问题的应对

1）4A 体系建设

与传统的信息系统相比，大规模云计算平台的应用系统繁多、用户数量庞大，身份认证要求高，用户的授权管理更加复杂等，在这样条件下无法满足云应用环境下用户管理控制的安全需求。因此，云应用平台的用户管理控制必须与 4A 解决方案相结合，通过对现有的 4A 体系结构进行改进和加强，实现对云用户的集中管理、统一认证、集中授权和综合审计，使得云应用系统的用户管理更加安全、便捷。

4A 统一安全管理平台是解决用户接入风险和用户行为威胁的必需方式。如图 8-26 所示，4A 体系架构包括 4A 管理平台和一些外部组件，这些外部组件一般都是对 4A 中某一个功能的实现，如认证组件、审计组件等。

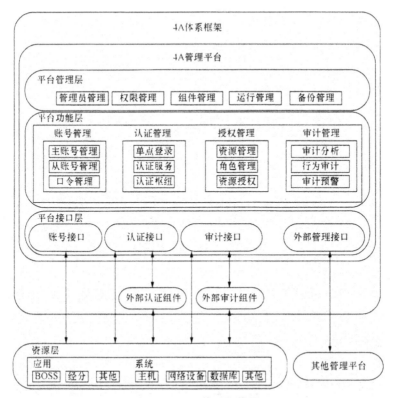

图 8-26　4A 体系架构图

　　4A 统一安全管理平台支持单点登录,用户完成 4A 平台的认证后,在访问其具有访问权限的所有目标设备时,均不需要再输入账号口令,4A 平台自动代为登录。图 8-27 是用户通过 4A 平台登录云应用系统时 4A 平台的工作流程,即对用户实施统一账号管理、统一身份认证、统一授权管理和统一安全审计。

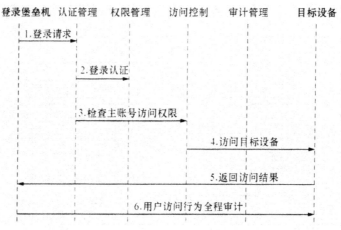

图 8-27 4A 平台工作流程

2）身份认证

云应用系统拥有海量用户，因此基于多种安全凭证的身份认证方式和基于单点登录的联合身份认证技术成为云计算身份认证的主要选择。

3）安全审计

根据 CC 标准功能定义，云计算的安全审计系统可以采取如图 8-28 所示的体系结构。

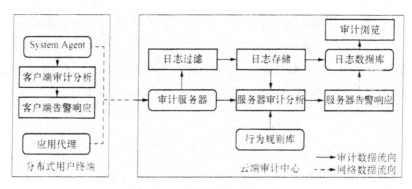

图 8-28 云计算安全审计系统

云计算安全审计系统主要是 System Agent。System Agent 嵌入用户主机中，负责收集并审计用户主机系统及应用的行为信息，并对单个事件的行为进行客户端审计分析。System Agent 的工作流程如图 8-29 所示。

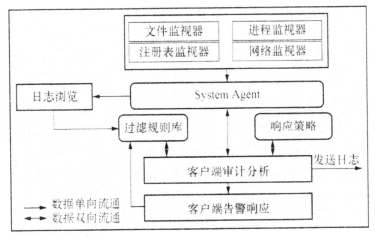

图 8-29　System Agent 的工作流程

2. 云数据安全

一般来说,云数据的安全生命周期可分为六个阶段,如图 8-30 所示。在云数据生命周期的每个阶段,数据安全面临着不同方面和不同程度的安全威胁。

图 8-30　云数据的安全生命周期

(1)数据完整性的保障技术

在云存储环境中,为了合理利用存储空间,都是将大数据文件拆分成多个块,以块的方式分别存储到多个存储节点上。数据完整性的保障技术的目标是尽可能地保障数据不会因为软件或硬件故障受到非法破坏,或者说即使部分被破坏也能做数据恢复。数据完整性保障相关的技术主要分两种类型,一种是纠删码技术,另一种是秘密共享技术。

(2)数据完整性的检索和校验技术

1)密文检索

密文检索技术是指当数据以加密形式存储在存储设备中时,如何在确保数据安全的前提下,检索到想要的明文数据。密文检索技术按照数据类型的不同,可主要分为三类:非结构化数据的密文检索、结构化数据的密文检索和半结构化数据的密文检索。

①非结构化数据的密文检索。非结构化数据的密文检索最早的解决方案发布于 2000 年,主要为基于关键字的密文文本型数据的检索技术。美国加州大学的 Song、Wagner 和 Perrig 三人结合电子邮件应用场景,提出了一种基于对称加密算法的关键字查询方案,通过顺序扫描的线性查询方法,实现了单关键字密文检索。基于顺序扫描的线性查询方案中对明文文件进行加密的基本实现思想如图 8-31 所示。

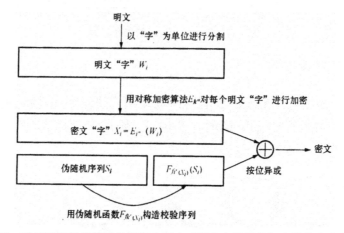

图 8-31　基于顺序扫描的线性查询方案中对明文文件进行加密的基本实现思想

②结构化数据的密文检索。结构化数据是经过严格的人为处理后的数据,一般以二维表的形式存在,如关系数据库中的表、元组等。在基于加密的关系型数据的诸多检索技术中,DAS 模型的提出是一项比较有代表性的突破,该模型也是云计算模式发展的雏形,为云计算服务方式的提出奠定了理论基础。DAS 模型为数据库用户带来了诸多便利,但用户同样面临着数据隐私泄露的风险,消除该风险最有效的方法是将数据先加密后外包,但加密后的数据打乱了原有的顺序,失去了检索的可能性,为了解决该问题,Hacigumus 等提出了基于 DAS 模型对加密数据进行安全高效的 SQL。查询的解决方案,该方案的实现框架如图 8-32 所示。

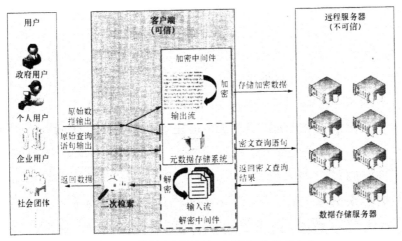

图 8-32　基于加密的关系型数据的检索方案

③半结构化数据的密文检索。半结构化数据主要来自 Web 数据、包络 HTML 文件、XML 文件、电子邮件等,其特点是数据的结构不规则或不完整,表现为数据不遵循固定的模式、结构隐含、模式信息量大、模式变化快等特点。在诸多基于 XML 数据的密文检索方案中,比较有代表性的方案是哥伦比亚大学的 Wang 和 Lakshmanan 于 2006 年提出的一种对加密的 XML。数据库高效安全地进行查询的方案。该方案基于 DAS 模型,满足结构化数据密文检索的特征,其基本架构和实现流程如图 8-33 所示。

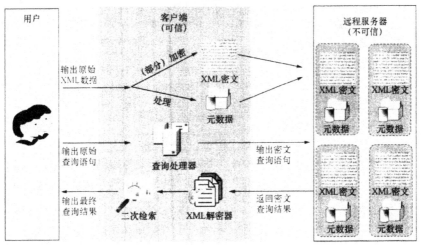

图 8-33　基于加密 XML 数据的检索方案

2)数据检验技术

目前,校验数据完整性方法按安全模型的不同可以划分为两类,即 POR(Proof of Retrievability,可取回性证明)和 PDP(Proof of Data Possession,数据持有性证明)。

POR 是将伪随机抽样和冗余编码(如纠错码)结合,通过挑战—应答协议向用户证明其文件是完好无损的,意味着用户能够以足够大的概率从服务器取回文件。不同的 POR 方案中挑战-应答协议的设计有所不同。Juels 等则首次给出了 POR 的形式化模型与安全定义。其方案如图 8-34 所示,在验证者之前首先要对文件进行纠错编码,然后生成一系列随机的用于校验的数据块,在 Juels 文中这些数据块使用带密钥的哈希函数生成,称为"岗哨"(Sentinels),并将这些 Sentinels 随机插入到文件的各位置中,然后将处理后的文件加密,并上传给云存储服务提供商(Prover)。该方案的优点是用于存放岗哨的额外存储开销较小,挑战和应答的计算开销较小,但由于插入的岗哨数目有限且只能被挑战一次,方案只能支持有限次数的挑战,待所有岗哨都"用尽"就需要对其更新。

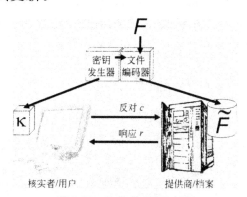

图 8-34　Juels 的 POR 方案

PDP 方案可检测到存储数据是否完整,最早是由约翰·霍普金斯大学(Johns Hopkins University)的 Ateniese 等提出的,其方案的架构如图 8-35 所示。这个方案主要分为两个部分:首先是用户对要存储的文件生成用于产生校验标签的加解密公私密钥对,然后使用这对密钥对文件各分块进行处理,生成 HVT(Homomorphic Veriftable Tags,同态校验标签)校验标签后一并发送给云存储服务商,由服务商存储,用户删除本地文件、HVT 集合,只保留公私密钥对;需要校验的时候,由用户向云存储服务商发送校验数据请求,云服务商接收到后,根据校验请求的参数来计算用户指定校验的文件块的 HVT 标签及相关参数,发送给用户,用户就可以使用自己保存的公私密钥对实现对服务商返回数据,最终根据验证结果判断其存储的数据是否具有完整性。

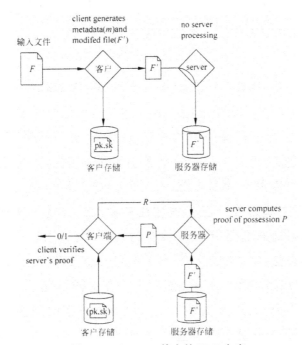

图 8-35　Ateniese 等人的 PDP 方案

(3)数据完整性事故追踪与问责技术

云计算包括三种服务模式,即 IaaS、PaaS 和 SaaS。在这三种服务模式下,安全责任分工如图 8-36 所示。

图 8-36 不同云服务模式下,云用户和云服务提供商的安全责任分工

从图 8-36 中可以看出,从 SaaS 到 PaaS 再到 IaaS,云用户自己需要承担的安全管理的职责越来越多,云服务提供商索要承担的安全责任越来越少。但是云服务也可能会面临各类安全风险,如滥用或恶意使用云计算资源、恶意的内部人员作案、共享技术漏洞、数据损坏或泄露以及在应用过程中形成的其他不明风险等,这些风险既可能是来自云服务的供应商,也可能是来自用户;由于服务契约是具有法律意义的文书,因此契约双方都有义务承担各自对于违反契约规则的行为所造成的后果。在这样情况下,使云存储安全的一个核心目标,可问责性(Accountability)应运而生,这对于用户与服务商双方来说都具有重要的意义。

(4)数据访问控制

在云计算环境下,数据的控制权与数据的管理权是分离的,因此实现数据的访问控制只有两条途径,一条是依托云存储服务商来提供数据访问的控制功能,即由云存储服务商来实现对不同用户的身份认证、访问控制策略的执行等功能,由云服务商来实现具体的访问控制,另一条则是采用加密的手段通过对存储数据进行加密,针对具有访问某范围数据权限的用户分发相应的密钥来实现访问控制。第二种方法显然比第一种方法更具有实际意义,因为用户对于云存储服务商的信任度也是有限的,因此目前对于云存储中的数据访问控制的研究主要集中在通过加密的手段来实现。

8.3　大数据技术

大数据是一个让所有人充满期待的科技新时代。在这个时代中,社会管理效率的提升,社会生产率的提升,社会生活模式的提升,在很大程度上依赖从大数据中所获取的巨大价值。而得到这样巨大的价值,却不需要耗费金银铜等原材料;不需要耗费水电煤等能源;不需要厂房工地;不需要大量劳动力;特别重要的,是不会污染空气水质。正因为这样,在不久的将来,数据将会像土地、石油和资本一样,成为经济运行中的根本性资源,而数据科学家被一致认为是下一个十年最热门的职业。

"大数据时代"来得如此神速,确实有点出乎常人的意料。目前,在数据的获取、存储、搜索、共享、分析、挖掘,乃至可视化展现式,都成为了当前重要的热门研究课题。一个新的词汇——"大数据",不仅悄然诞生,还在全世界迅速流行;一个新的时代,被命名为"大数据时代"的新社会,已经展露其娇媚的容颜;一场"大数据革命",正在以异乎寻常的狂热,席卷着地球的各个角落。有人甚至描绘了一幅更加动人心魄的画面,来突出大数据的无穷魅力:"当每时都有惊喜的海量数据出现在眼前,这是怎样的一幅风景? 在后台居高临下地看着这一切,会不会就是上帝俯视人间万物的感觉?"

所有这一切,预示着一个全新的科技时代——大数据时代已经来到了我们的面前,它必将会带来荡涤旧物、开创新界的巨大能量,人类社会在它的覆盖下,也将呈现全新的面貌。

所有这一切,令地球人充满期待。

8.3.1 大数据的相关技术

大数据技术,就是从各种类型的数据中快速获取有价值信息的技术。大数据领域已经涌现出了大量新的技术,它们成为大数据采集、存储、处理和呈现的有力武器。大数据处理相关的技术一般包括大数据采集、大数据准备、大数据存储、大数据分析与挖掘以及大数据展示与可视化等,如图 8-37 所示。

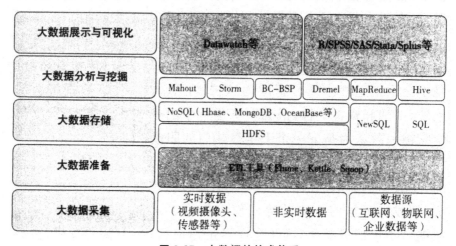

图 8-37　大数据的技术体系

1. 大数据采集

大数据采集是指通过 RFID 射频数据、传感器数据、视频摄像头的实时数据、来自历史视频的非实时数据,以及社交网络交互数据及移动互联网数据等方式获得的各种类型的结构化、半结构化(或称弱结构化)及非结构化的海量数据。大数据采集是大数据知识服务体系的根本。大数据采集一般分为大数据智能感知层和基础支撑层。大数据智能感知层:主要包括数据传感体系、网络通信体系、传感适配体系、智能识别体系及软硬件资源接入系统,实现对结构化、半结构化和非结构化的海量数据的智能化识别、定位、跟踪、接入、传输、信号转换、监控、初步处理和管理等,需要着重攻克针对大数据源的智能识别、感知、适配、传输、接入等技术。基础支撑层:提供大数据服务平台所需的虚拟服务器,结构化、半结构化及非结构化数据的数据库以及物联网络资源等基础支撑环境,需要重点攻克分布式虚拟存储技术,大数据获取、存储、组织、分析和决策操作的可视化接口技术,大数据的网络传输与压缩技术,大数据隐私保护技术等。大数据采集方法主要包括系统日志采集、网络数据采集、数据库采集和其他数据采集四种。

2. 大数据准备

大数据准备主要是完成对数据的抽取、转换和加载等操作。因获取的数据可能具有多种结构和类型,数据抽取过程可以帮助用户将这些复杂的数据转化为单一的或者便于处理的结构,以达到快速分析处理的目的。目前主要的 ETL 工具是 Flume 和 Kettle。Flume 是 Cloudera 提供的一个高可用、高可靠、分布式的海量日志采集、聚合和传输系统;Kettle 是一款国外开源的 ETL 工具,由纯 Java 编写,可以在 Windows、Linux 和 UNIX 上运行,数据抽取高效且稳定。

3. 大数据存储

大数据对存储管理技术的挑战主要在于扩展性。首先是容量上的扩展,要求底层存储架构和文件系统以低成本方式及时、按需扩展存储空间。其次是数据格式可扩展,满足各种非结构化数据的管理需求。传统的关系型数据库管理系统(RDB MS)为了满足强一致性的要求,影响了并发性能的发挥,而采用结构化数据表的存储方式,对非结构化数据进行管理时又缺乏灵活性。目前,主要的大数据组织存储工具包括:HDFS,它是一个分布式文件系统,是 Hadoop 体系中数据存储管理的基础;NoSQL,泛指非关系型的数据库,可以处理超大量的数据;NewSQL 是对各种新的可扩展/高性能数据库的简称,这类数据库不仅具有 NoSQL 对海量数据的存储管理能力，还保持了传统数据库支持 ACID 和 SQL 等特性；HBase 是一个针对结构化数据的可伸缩、高可靠、高性能、分布式和面向列的动态模式数据库；OceanBase 是一个支持海量数据的高性能分布式数据库系统，实现了在数千亿条记录、数百 TB 数据上的跨行跨表事务。此外，还有 MongoDB 等组织存储技术。

4. 数据挖掘

大数据时代数据挖掘主要包括并行数据挖掘、搜索引擎技术、推荐引擎技术和社交网络分析等。

（1）并行数据挖掘

挖掘过程包括预处理、模式提取、验证和部署四个步骤，对于数据和业务目标的充分理解是做好数据挖掘的前提，需要借助 MapReduce 计算架构和 HDFS 存储系统完成算法的并行化和数据的分布式处理。

（2）搜索引擎技术

可以帮助用户在海量数据中迅速定位到需要的信息，只有理解了文档和用户的真实意图，做好内容匹配和重要性排序，才能提供优秀的搜索服务，需要借助 MapReduce 计算架构和 HDFS 存储系统完成文档的存储和倒排索引的生成。

（3）推荐引擎技术

帮助用户在海量信息中自动获得个性化的服务或内容，其是搜索时代向发现时代过渡的关键动因，冷启动、稀疏性和扩展性问题是推荐系统需要直接面对的永恒话题，推荐效果不仅取决于所采用的模型和算法，还与产品形态、服务方式等非技术因素息息相关。

（4）社交网络分析

从对象之间的关系出发，用新思路分析新问题，提供了对交互式数据的挖掘方法和工具，是群体智慧和众包思想的集中体现，也是实现社会化过滤、营销、推荐和搜索的关键性环节。

5. 大数据展示与可视化

大数据可视化技术可以提供更为清晰直观的数据表现形式，将错综复杂的数据和数据之间的关系，通过图片、映射关系或表格，以简单、友好、易用的图形化、智能化的形式呈现给用户，供其分析使用。可视化是人们理解复杂现象，诠释复杂数据的重要手段和途径，可通过数据访问接口或商业智能门户实现，以直观的方式表达出来。可视化与可视化分析通过交互可视界面来进行分析、推理和决策，可从海量、动态、不确定甚至相互冲突的数据中整合信息，获取对复杂情景的更深层的理解，供人们检验已有预测，探索未知信息，同时提供快速、可检验、易理解的评估和更有效的交流手段。目前，Datawatch、MATLAB、SPSS、SAS、Stata 等都有数据可视化功能，其中 Datawatch 是数据可视化方面最流行的软件之一。完整的可视化分析系统的一个基本要素是具有处理大量多变量时间序列数据的能力。Datawatch Designer 可以提供一系列专业化的数据可视化方案，包括地平线图、堆栈图以及线形图等，让历史数据分析更简单、更高效。该软件能够连接传统的列导向和行导向的关系型数据库，从而支持对大型数据集进行快速、有效的多维分析。Datawatch 提供了卓越的时间序列分析能力，是全球投资银行、对冲基金、自营交易公司以及交易用户必不可少的法宝。

8.3.2　大数据技术的应用

大数据技术能够将隐藏于海量数据中的信息和知识挖掘出来，为人类的社会经济活动提供依据，从而提高各个领域的运行效率，大大提高了整个社会经济的集约化程度。在我国，大数据将重点应用于商业智能（图 8-38、图 8-39）、政府决策、公共服务三大领域。例如，智慧城市（图 8-40），商业智能技术，政府决策技术，电信数据信息处理与挖掘技术，电网数据信息处理与挖掘技术,气象信息分析技术,环境监测技术,警务云应用系统(道路监控、视频监控、网络监控、智能交通、反电信诈骗、指挥调度等公安信息系统),大规模基因序列分析比对技术,Web 信息挖掘技术,多媒体数据并行化处理技术,影视制作渲染技术,其他各种行业的云计算和海量数据处理应用技术等。

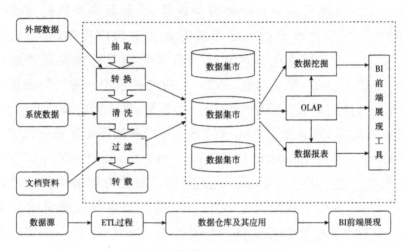

图 8-38　商业智能系统架构体系

图 8-39　商业智能与大数据结合的应用

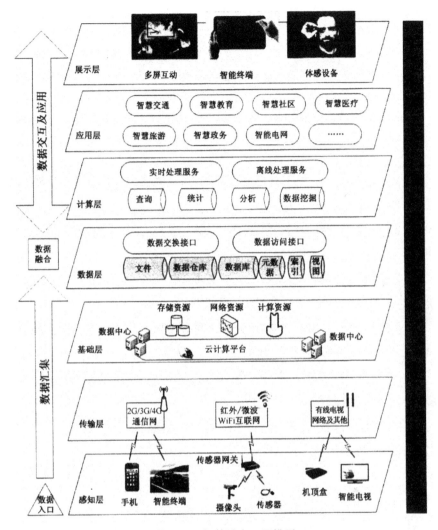

图 8-40　智慧城市 7 层模型

参考文献

[1]汤兵勇.云计算概论:基础、技术、商务、应用[M].2 版.北京:化学工业出版社,2016.

[2]中科普开.大数据技术基础[M].北京:清华大学出版社,2016.

[3]赵勇,林辉,沈寓实.大数据革命——理论、模式与技术创新[M].北京:电子工业出版社,2014.

[4]刘光毅,方敏,关皓,等.5G 移动通信系统:从演进到革命[M].北京:人民邮电出版社,2016.

[5]朱晨鸣,王强,李新,等.5G:2020 后的移动通信[M].北京:人民邮电出版社,2016.

[6]邹铁刚,孟庆斌,丛红侠,等.移动通信技术及应用[M].北京:清华大学出版社,2013.

[7]沙学军,吴宣利,何晨光.移动通信原理、技术与系统[M].北京:电子工业出版社,2013.

[8]啜钢.移动通信原理与系统[M].3 版.北京:北京邮电大学出版,2015.

[9]葛晓虎,赖槿峰,张武雄.5G 绿色移动通信网络[M].北京:电子工业出版社,2017.

[10]周品.云时代的大数据[M].北京:电子工业出版社,2013.

[11]吴昱.大数据精准挖掘[M].北京:化学工业出版社,2014.

[12]周苏,冯婵璟,王朔苹.大数据技术与应用[M].北京:机

械工业出版社,2016.

[13]熊赟,朱扬勇,陈志渊.大数据挖掘[M].上海:上海科学技术出版社,2016.

[14]张炜.无线通信基础[M].北京:科学出版社,2014.

[15]阎毅.无线通信与移动通信技术[M].北京:清华大学出版社,2014.

[16]林基明.现代无线通信原理[M].北京:科学出版社,2015.

[17]魏崇毓.无线通信基础及应用[M].西安:西安电子科技大学出版社,2009.

[18]许晓丽,赵明涛.无线通信原理[M].北京:北京大学出版社,2014.

[19]石明卫,莎柯雪.无线通信原理与应用[M].北京:人民邮电出版社,2014.

[20]孙学康,刘勇.无线传输与接入技术[M].北京:人民邮电出版社,2010.

[21]姚美菱,王丽娜.无线接入技术[M].北京:化工大学出版社,2014.

[22]杨槐.无线通信技术[M].重庆:重庆大学出版社,2015.

[23]虚拟化与云计算小组.云计算宝典:技术与实践[M].北京:电子工业出版社,2011.

[24]冯广,翟兵."云"算网传两交辉——云计算技术及其应用[M].广州:广东科技出版社,2013.

[25]雷葆华,饶少阳,江峰.云计算解码:技术架构和产业运营[M].北京:电子工业出版社,2011.

[26]张水平,张凤琴等.云计算原理及应用技术[M].北京:清华大学出版社;北京交通大学出版社,2013.

[27]刘黎明,王昭顺.云计算时代:本质、技术、创新、战略[M].北京:电子工业出版社,2014.

[28]周洪波.云计算:技术、应用、标准和商业模式[M].北

京：电子工业出版社，2011.

[29]王鹏，黄焱，安俊秀，张逸琴.云计算与大数据技术[M].北京：人民邮电出版社，2014.

[30]万川梅.云计算应用技术[M].成都：西南交通大学出版社，2013.

[31]徐保民.云计算机解密：技术原理及应用实践[M].北京：电子工业出版社，2014.

[32]徐守东.云计算技术应用与实践[M].北京：中国铁道出版社，2013.

[33]黎连业，王安，李龙.云计算基础与实用技术[M].北京：清华大学出版社，2013.

[34]李天目.云计算技术架构与实践[M].北京：清华大学出版社，2013.

[35]陈国良，吴俊敏，章锋，章隆兵.并行计算机体系结构[M].北京：高等教育出版社，2002.

[36]王鹏.云计算的关键技术与应用实例[M].北京：人民邮电出版社，2010.

[37]Calheiros R N, Ranjan R, Beloglazov A, et al. Cloud-Sim：a toolkit for modeling and simulation of cloud computing environments and evaluation of resource provisioning algorithms [J]. Software：Practice and Experience,2011,41(1)：23-50.

[38]中国大数据技术与产业大发展白皮书[R].中国计算机学会，2013.

[39]张德丰.云计算实战[M].北京：清华大学出版社，2012.

[40]潘焱.无线通信系统与技术[M].北京：人民邮电出版社，2011.

[41]孙友伟.现代移动通信网络技术[M].北京：人民邮电出版社，2012.

[42]庞宝茂.移动通信[M].西安：西安电子科技大学出版社，2009.

［43］高健,刘良华,王鲜芳.移动通信技术[M].2版.北京:机械工业出版社,2012.

［44］中国电子技术标准化研究院.云计算技术与标准化[M].北京:电子工业出版社,2013.

［45］徐强,王振江.云计算应用开发实践[M].北京:机械工业出版社,2012.

［46］深圳国泰安教育技术股份有限公司大数据事业.大数据导论关键技术与行业应用最佳实践[M].北京:清华大学出版社,2015.

［47］陆平.云计算中的大数据技术与应用[M].北京:科学出版社,2013.